中华青少年科学文化博览丛书·文化卷 》》》

图说世界著名岩洞 >>>

中华青少年科学文化博览丛书·文化卷

图说世界著名岩洞

TUSHUO
SHIJIE ZHUMING
YANDONG

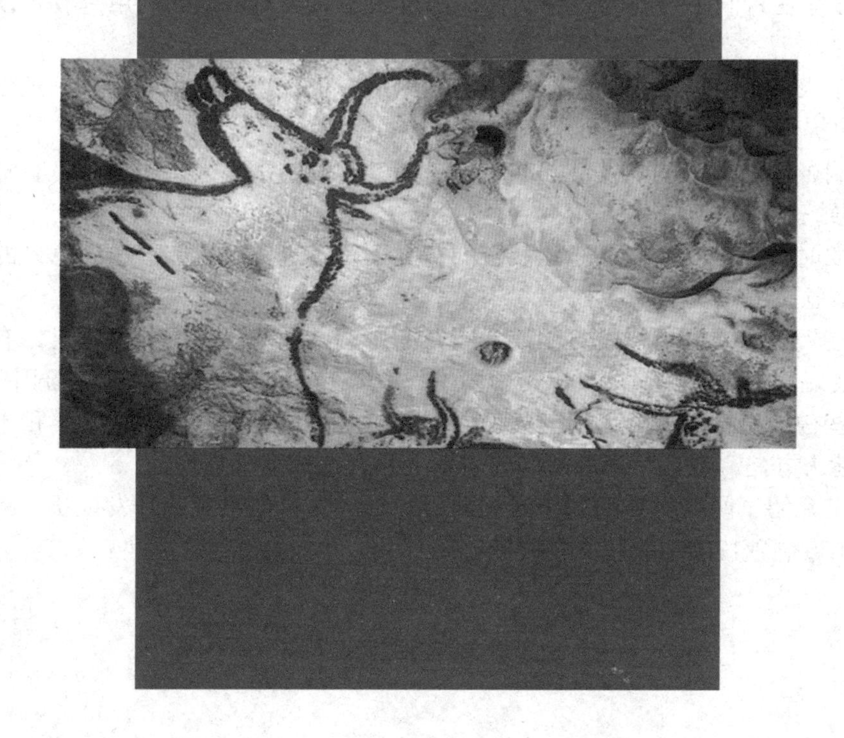

吉林出版集团有限责任公司 | 全国百佳图书出版单位

前言

岩洞是指喀斯特地区因溶蚀、冲蚀形成的近似水平的洞穴，深度不超过10米，一般分布在河谷两侧。

岩洞在人们的心目中，一直是个充满神秘的区域。人类最初的居所就是岩洞，岩洞这种天然的屏障为人类提供了遮风避雨的场所，因此,人类对岩洞有着特殊情结。

欧洲人认为岩洞是通向地狱的通道。电影中描述的洞藏宝藏和守卫的巨蟒，还有各种附加在上面的神秘咒语，撩起了人们对岩洞的向往，但也带来了恐惧。

经常有人问：岩洞里有没有鬼、有没有毒蛇、能找到宝藏吗等等。这些都不奇怪，因为对岩洞的恐惧和好奇，在人们的心中被无限地放大了。

岩洞里不断发现的人文遗迹，都说明了人与岩洞长期且密切的关系。北京周口店发现了猿人，长江三峡的峭壁洞穴中发现了悬棺，欧洲各地发现的洞穴壁画，各地在岩洞中发现的各种文物，都反映了人类对岩洞的利用是有史以来就开始的。

除了人文遗迹的堆积外，洞中还有大量的古生物遗骸堆积，为科学工作者了解历史提供了大量的详实资料。

岩洞虽有趣，它的开发却并非坦途。因为岩洞常常是人迹罕至的，有野兽栖息，毒蛇居住，害虫藏身。

开发时，在没有任何经验和装备的情况下贸然进入，可能会遭到意外的伤害，甚至危及生命安全。

有些天然的岩洞可能是盲洞或者废弃的矿洞，通风不良，氧气不足，有二氧化碳及硫化氢等有害气体沉积于岩洞深处，会使人因缺氧窒息而昏迷洞中。

有些构造奇特的岩溶洞因其通道曲折崎岖，高低错落，岔洞很多，稍不小心便会迷失方向，或者从潮湿滑润的岩壁上跌落造成意外损伤。

本书介绍了闻名世界的30个岩洞的历史形成、自然景观和开发现状，为读者呈现出岩洞独特的地貌和文化内涵。

目录

猛犸洞穴（美国）
——世界上最长的洞穴 ……7
双龙洞（中国）
——天下第一水石奇观 ……13
奇梁洞（中国）
——瑰丽的地下艺术宫殿 ……19
米拉德埃雷山溶洞（葡萄牙）
——葡萄牙最大的石灰岩洞 ……24
怀托摩萤火虫洞（新西兰）
——萤火虫的天堂 ……29
日本三大钟乳洞（日本）
——大自然赐予的宝藏 ……34
刚果洞（刚果共和国）
——“鸵鸟家乡”的钟乳石洞 ……39
织金洞（中国）
——喀斯特地貌造就的岩溶博物馆 ……44
石花洞（中国）
——地理学知识科普教育基地 ……49
张家界九天洞（中国）
——亚洲第一大洞 ……54
莫鲁山国家公园岩洞（马来西亚）
——世界最大的岩洞穴 ……59
安顺龙宫（中国）
——贵州一张亮丽的名片 ……64
腾龙洞（中国）
——中国最美的地方 ……69
武山水帘洞（中国）
——佛教艺术的殿堂 ……74
玉华洞（中国）
——武夷山下的明珠 ……79

目录

本溪水洞（中国）
——人间独此一洞天 ……84
崆山白云洞（中国）
——中国北方第一洞 ……89
丹漠洞（爱尔兰）
——通往神秘洞穴的地狱入口 ……94
吉诺蓝岩洞（澳大利亚）
——蓝色世界的岩洞 ……99
燕子洞（中国）
——亚洲最壮观的溶洞 ……104
霹雳洞（马来西亚）
——东方艺术宝库 ……109
古巴地下山洞（古巴）
——地壳活跃处的岩洞群 ……114
天鹅洞群（中国）
——稀有的地下岩溶博物馆 ……119
塞班岛蓝洞（美国）
——最美丽深渊的蓝色大洞穴 ……124
斯泰克方丹化石洞（南非）
——“人类摇篮”的遗址 ……129
香港海蚀洞群（中国）
——基岩海岛中的海蚀洞群 ……134
革命岩洞（老挝）
——隐蔽在地下的“城市” ……139
韦泽尔峡谷洞穴群（法国）
——人类最早的艺术品 ……144
雪玉洞（中国）
——“神曲之乡”的奇葩 ……149
丰鱼岩（中国）
——“亚洲第一洞” ……155

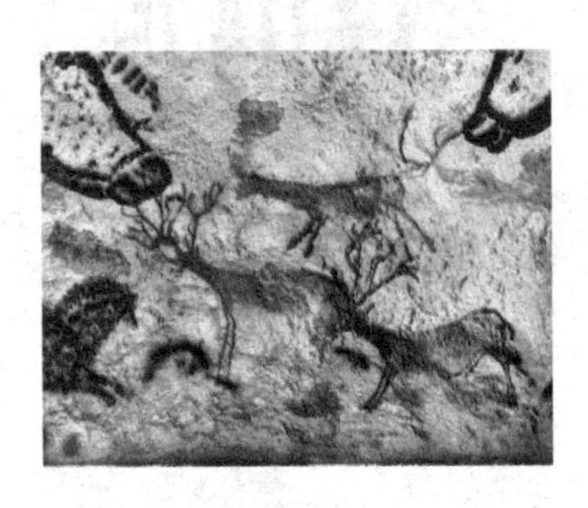

猛犸洞穴（美国）
——世界上最长的洞穴

美国国旗

1．位于猛犸洞国家公园
2．世界上绝无仅有的鱼类
3．“巨无霸”洞穴
4．洞穴形成于一亿年前
5．令人难以置信的自然奇迹

位于猛犸洞国家公园

猛犸洞是世界上最长的洞穴，位于美国肯塔基州中部的猛犸洞国家公园，是世界自然遗产之一。猛犸洞以古时候长毛巨象猛犸命名，这个“巨无霸”洞穴究竟有多长至今仍在探索。200多年来，探险家的前赴后继，他们的探索精神已被镂刻在猛犸洞每一千米的发现史上。

猛犸洞其中的10英里对游客开放。它由255座溶洞分五层组成，上下左右相互连通，洞中还有洞，宛如一个巨大而又曲折幽深的地下迷宫。在这些洞中有77个地下大厅，3条暗河、7道瀑布、多处地湖，总延伸长度近250千米。

猛犸洞以溶洞之多、之奇、之大称雄世界。在77座地下大厅中，其中最高的一座称为“酋长殿”，它略呈椭圆形，长163米，宽87米，高38米，厅内可容数千人。有一座“星辰大厅”很富诗意，它的顶棚有含锰的黑色氧化物形成，上面点缀着许多雪白的

猛犸洞穴

石膏结晶，从下面看上去，仿佛是星光闪烁的天穹。

洞内最大的暗河——回音河，低于地表110米，宽6米～36米，深1.5米～6米，游客可乘平底船循河上溯游览洞内的风光。河中有奇特的无眼鱼——盲鱼，其他盲目生物还包括甲虫、蝼蛄、蟋蟀。有许多褐色小蝙蝠潜伏在人迹罕至之处。

世界上绝无仅有的鱼类

猛犸洞山区的早晨空气新鲜，周围都是高大的树林，鸟儿不停地叫，鲜花五彩缤纷，人们精神为之一振。地面上的52 830英亩的景色优美的保护林地，为野营、远足、骑自行车、垂钓和骑马等娱乐活动提供了条件。这里是花的海洋，已经鉴定的花卉共有900多种，其中21种是濒临灭绝的珍稀品种。

盲鱼

这里是鸟的天堂，目前已经观察到的鸟类有200多种，37种鸟有着婉转的歌喉，其中11种在园内筑巢生息。其他的鸟类如猫头鹰、啄木鸟、唐纳鸟野火鸡等也在这里安居乐业。这里还是小动物的乐园，野鹿、负鼠、野兔、土拨鼠、麝鼠、海狸、火狐狸和山狗等随处可见。

将近30英里长的格林河和诺林河蜿蜒流过公园，为游客乘独木舟游园提供了便利。河里生活着各种各样的鱼类，其中的5种是世界上绝无仅有的，还有3种属于洞穴鱼类。70多种的淡水贻贝中包括3种濒临灭绝的品种生活在河边的泥沙和卵石中。

园内的四通八达的人行步道有70多英里长。一条半英里长的小路会把你带到“冥河之泉”，在那里你会看到流经洞穴的河水奔涌出地面。有些小路还是专门为残疾人修建的，乘坐轮椅可以到达世界遗产的小路起点在“落日汽车旅馆”。

12个野营地星罗棋布于园内各处的小路附近。当

猛犸洞穴的美景

然，在两条河的泛滥平原上或是在河中的小岛上宿营都任你选择。

“巨无霸”洞穴

猛犸洞穴距肯塔基州鲍灵格林约80千米，是世界上已知的最大、最多样化的地下洞穴体系之一。它为多种植物和动物，尤其是为濒临灭绝的物种提供了良好的生活环境。1981年10月27日它被联合国教科文组织认定为世界遗产，1990年9月26日又被列入世界生物圈保护区名单。占地207.83平方千米的猛犸洞穴国家公园是世界上最大的石灰岩地下洞穴网。猛犸是一种长毛巨象，如今已绝种，猛犸洞穴与猛犸没有什么关系。在这是借用此名来形容洞穴宠大，早已脱离了猛犸的原义。

神秘的水洼、地下瀑布以及精致的石膏洞穴构造,这里让人难以忘怀的美景将永远萦绕在你的脑海中。

猛犸洞穴是世界上最长的洞穴体系，一些探险家认为该洞穴的大部分还有待探明。猛犸洞穴的确是美丽与神奇的综合体。地下洞室一个接着一个，拥有许多不可思议的奇异景象：锥形石钟乳与石笋、厚厚的石瀑、带状晶体、细长的石柱以及长笛状石盾。

徒步旅行者会发现自己徜徉于一个广阔伸展的空间中，周围遍布地下湖泊与峡谷、瀑布与小溪、狭长的走廊与拱形穹窿。这是一幅不可思议的美景，犹如迪士尼童话中埋藏在地下的地理世界，又像是爱伦坡诗中的神秘幻境。

猛犸洞穴内部非常之大，而且许多洞坑历史悠久，因此它被联合国列入世界遗产名录。猛犸洞穴到底有多大至今是个谜。几乎一直都有新洞穴和新通道被发现，同时这个壮观的迷宫也一直在往地下拓展。

这里有流石、钙华、扇形石、石槽以及穹窿，这些东西的名字本身就很有吸引力。还有石膏晶体与溶蚀碳酸盐景观、水洼与逐渐消失的泉水、高耸的石柱、狭长的通道以及开阔的岩洞。

在离接待中心一个较远的溶洞，这个洞穴比较大。因为溶洞分布在5个不同高度的地层内，最下一层低于地面360英尺。在中间一层，洞内有多姿多态的石钟乳和石笋，

洞穴内岩石的纹理各异

有的像花，有的像树，有的像水，有的像果实……造型各异，美不胜收。这些各式各样的石钟乳和石笋等，都是被含有二氧化碳的流水或滴水，经过长年累月地腐蚀溶解而成的。

游客进入比较复杂而又容易受到伤害的洞穴，必须戴上安全帽，帽上有灯，身穿防护衣，足蹬长统靴，犹如一个采矿工人。洞内高低不平，时亮时暗，这些安全设备是必要的。

洞穴形成于一亿年前

猛犸洞穴形成于一亿年前。猛犸洞穴拥有已经探明的350多英里的通道和其它尚未探明的通道，因而成为世界上最为庞大的洞穴体系。

地表和地下充沛的水源与地质上的早石炭世期间（三亿多年前）沉积的石灰岩，共同创造出这个被称作“万洞之地”的地下洞穴网。

日久年深，由于水位下降，留下了这些狭窄的水平通道、宽广的洞室和联系这个巨大迷宫的垂直通道。最底下的通道现在仍然在水流的作用下不断扩大。

水渗入洞穴形成的石钟乳、石笋和石膏晶体装点着洞室和通道。目前已探明的地下洞穴通道根据分布的高度不同分为五层，全长306千米。洞穴、山洞、岩洞和廊道组成这个宽阔的地下综合体。

林立的石笋和多姿的石钟乳遍布洞中，洞内景象壮观，有两个湖，三条河和八处瀑布。洞里还有一条20～60英尺宽，5～20英尺深的回音河。洞中还有地下暗河通过。洞内是奇珍异景，神鬼莫测，仿佛来到另一个世界，洞外是花团锦簇、燕语莺莺，让你惊叹自然与人间的迥然不同。

奇特的钟乳石

令人叹为观止的自然奇迹

令人难以置信的自然奇迹

猛犸洞穴令人这个难以置信的自然奇迹向人类已有的对自然界的传统认识提出了挑战。洞穴旅游全年开放（圣诞节除外），夏天、假日和周末的旅游需要提前预定。夏天里第一支团队上午8点出发，最后一支团队下午5点30分出发。在适宜的季节里还有特殊的夜间节目。洞内的温度保持在51华氏度，因此要适当地多穿些衣服。

迷你知识卡

盲鱼

在分类学上隶属于脂鲤科、墨西哥盲眼鱼属。它是一种非常美丽的观赏鱼，体长大约为8厘米，身披亮银色鳞片，所有的鳍部均呈奶油色。大约在数万年前，盲鱼的祖先被水流带到了只有很少光线或完全没有光线的地下洞穴内，随着漫长的岁月流逝，它的眼睛因无用武之地而退化，变成了今天的盲鱼。对于一般动物来说，没有眼睛简直是不能生活的，但盲鱼的眼睛虽然失去了它应有的作用，却能够依靠其他器官的特殊感觉来进行正常的生活。

双龙洞（中国）——天下第一水石奇观

中华人民共和国国旗

1. 洞内石桌石椅可供千人休憩
2. 上山汗如雨，入洞一身凉
3. 叶圣陶曾写游记《游金华的双龙洞》
4. 可辨天气的晴雨表大石头
5. 毛泽东、朱德均来此参观过

洞内石桌石椅可供千人休憩

金华双龙洞距金华市区约8千米，坐落在海拔350～450多米的北山南坡，除底层的双龙洞之外，还有中层的冰壶洞和最高的朝真洞。

双龙洞分内、外两洞，外洞高大明亮，洞高66余米，长、深各33余米，面积1 200多平方米。洞内陈放着一排排石桌、石椅，可容千人品茶避暑。

双龙洞位于双龙洞景区中心，国家重点风景名胜区，首批国家AAAA级风景旅游区，国家级森林公园。是整个双龙风景名胜区核心景观和象征，成为自然风景名胜的历史已有1 600多年。海拔520米，由内洞、外洞及耳洞组成，洞口轩朗，两侧分悬的钟乳石酷似龙头，故名“双龙洞”。

上山汗如雨，入洞一身凉

外洞宽敞，面积1 200平方米，可容千人驻足。常年洞温为15℃左右，冬暖夏凉。炎夏至此，有“上山汗如雨，入洞一身凉”之感。

洞口西壁“双龙洞”三字，时为唐人手迹；东壁“洞天”二字，

金华双龙洞

金华双龙洞内的地下河

为宋代书法家吴琳的墨宝；“三十六洞天”五个大字，则为国民党元老、近代杰出书法家于右任之手笔。如果说双龙的内洞是“龙宫”的话，那么外洞仿佛似“龙厅”。其中西厅一挂“石瀑”，相传八仙之一的吕洞宾曾隐身于此。

往前是“骆驼仰首”、“石蛙窥穴”、”雄狮迈步”、“金鹞展翅”等景观。

内外洞有巨大的屏石相隔，仅通水道，长10余米，宽3米多。内外洞的相隔与相通，形成了双龙洞最鲜明的特色。古诗云“洞中有洞洞中泉，欲觅泉源卧小船”，如欲观赏，唯有平卧小舟，仰面擦崖逆水而入，“千尺横梁压水低，轻舟仰卧人回溪”，不得稍有抬头，有惊而无险，妙趣横生，堪称游览方式之一绝，有“水石奇观”之誉。

内洞略大于外洞，洞内钟乳石、石笋众多，有龙爪、龙尾与洞外龙头相呼应，造型奇特，布局巧妙，有“黄龙吐水”“倒挂蝙蝠”“彩云遮月”“天马行空”“海龟探海”“龟蛇共生”“青蛙盗仙草”“寿星与仙桃”等景观，幻化多变，使人目不暇接，宛若置身水晶龙宫。

外洞宽敞高广，面积约1 200平方米，可容千人集会。常年洞温保持在17℃左右，冬暖夏凉。

特别是在炎炎夏日，金华人和游客到洞中纳凉已成千古风俗，比起天然空调，则有过之而无不及，古人形容得好：“上山汗如雨，入洞一身凉”。

最里边石壁上还有“水石奇观”石刻和清代名人探洞游记碑刻；近代合肥游人的“双龙洞”三

字石刻，很有趣味，他将“龙”字反刻，寓意双龙洞的两龙头，要站在洞厅内往外反过来看，才能看到他们的真面貌。

外洞厅北有一挂黄色“石瀑”，俨然是古人衣袍，这就是传说的“吕先生藏身”景点，相传八仙之一的吕洞宾曾隐身于此，又有传说是，有个村姑誓不嫁抢她的财主，被锁困在洞中，吕洞宾就是从这里去营救洞中的村姑的。

靠厅北尽头就是“骆驼仰首”、“石蛙窥穴”、“雄狮迈步”、“金鹞展翅”等景观，特别是洞中的岩溶景观“仙人田”层层叠叠，使人不由产生来到世外的感觉，美不胜收。

叶圣陶曾写游记《游金华的双龙洞》

内外洞之间有巨大的屏石横亘相隔，仅有狭窄的地下河相通，河长15余米，宽3米多。要想进入内洞，只有屏息仰卧小船中，逆水擦岩而过，不得稍做抬头，否则就有碰破鼻尖之虞，很是惊险，游览方

洞内钟乳石形态万千

式为世界独有。

古诗云“洞中有洞洞中泉，欲觅泉源卧小船”就是描写历史上就是如此探洞的。

明朝的地理学家、旅行家徐霞客在400年前，则是向洞前的潘老太太借了澡盆，解衣游进双龙内洞的。“千尺横梁压水低，轻舟仰卧人回溪”，进入内洞就宛如置身仙境龙宫了。

内洞更大于外洞，面积约3 500平方米，洞内钟乳石、石笋、石幔、石柱、石钟、地下泉水众多。古语常说“神龙见首不见尾”，在洞内你就可以见到两龙的龙身、龙爪、龙尾了。

其他主要景观有“晴雨石”、

“寿星与桃仙”

“仙人挂衣”、“雪山罗汉堂”、“将军腿”、“金华火腿”、“北京烤鸭”、“仙人床”、“倒挂蝙蝠”、“彩云追月”、“天马行空”、“海龟探海”、“龟蛇争仙丹”、“青蛙盗仙草”、“寿星与仙桃”、“拇指泉”和郁达夫命名的“盆景小瀑布”等20多个岩溶景观，琳琅满目，惟妙惟肖，游客至此，都会忘记尘世的喧嚣，体验“洞中方一日，人间已三载”的神奇。

明代的徐霞客根据双龙洞“外有二门，中悬重幄，水陆兼奇，幽明凑异”的独特景观特点和价值，把它列为“金华山八洞”的第一位。叶圣陶曾为此写过游记《游金华的双龙洞》。

可辨天气的晴雨表石头

双龙洞最奇趣的是外洞与内洞

冰壶洞

之间，有一块巨大的岩石覆盖在一流清泉之上，水道宽丈余，岩底仅离水面一尺左右，进出里洞，只得用小船，人直躺在船底，小船从岩底的水面穿引而入，当穿到岩底中间时眼前一片漆黑，似乎周围的岩石一齐朝身上挤压过来，岩石几乎擦着鼻子。进10米，又豁然开朗，被誉为奇观。内洞约有2 200多平方米，岩洞深邃。

在小船上岸处，抬头仰望，有一条青色钟乳岩纹自东北洞顶蜿蜒而来，另有一条黄色钟乳石自西北俯冲而至，人们称为“双龙”，龙状清晰可辨，形象逼真。洞内钟乳、石笋奇形怪状，纵横交错。在石壁的另一头，有一块活的晴天表。这是一块奇怪的大石头，在有雨的季节，它会显出青绿色。而干燥炎热的天气，会显出干黄色。

冰壶洞的洞口朝天，深达40多米。俯首下视，寒气袭来，洞不见底，故称“冰壶”。游人可踏着石阶，盘曲通达洞底。冰壶洞内的瀑布从15米左右高的洞顶倾泻，瀑声轰隆，震耳欲聋。

朝真洞的洞口向西，前临深壑，背依青峰。洞前眺望，四周群峰挺立，宛若百僧朝圣求真，洞名即由此来。

洞中钟乳高悬，石笋遍地，其中一根大石笋形似“观音”，称“观音

佛手神钟

大士像”。洞的上方有一“天窗”，透进一束阳光，宛如半月，也叫做“一线天”，因为只有一缕阳光。

毛泽东、朱德均来此参观过

双龙洞海拔约520米，由内洞、外洞及耳洞组成，洞口轩朗，两侧分悬的钟乳石一青一黄，酷似两龙头，两龙头在外洞，而龙身却藏在内洞，故名“双龙洞”。

传说，古代婺州连年大旱，民不聊生，青龙和黄龙知后，偷来天池水，拯救了百姓，却因触犯天条被王母娘娘用巨石压住脖颈，困在双龙内洞，但双龙仍顽强地仰头吐水，清澈泉水至今潺潺不绝。

双龙洞有着灿烂悠久的历史文化，文化遗产博大丰厚。东晋以来就为世人所钟情，唐宋明清几度辉煌，文人墨客慕名而来，李白、王安石、孟浩然、苏轼、李清照等历史名人都曾有佳作。毛泽东、朱德、宋庆龄、彭德怀、陶铸、彭真等党和国家领导人也在此留下了足迹。洞内留有多处古今名人的墨宝。

于右任

复旦大学校友。记者，诗人，中国近代书法史上的书法艺术大家、一代书圣，爱国政治家、革命家。辛亥革命时期，著名的报刊活动家、教育家。陕西三原人，祖籍泾阳。原名伯循，字诱人，后以“诱人”谐音“右任”为名；别号“骚心”、“髯翁”，晚号“太平老人”。

奇梁洞（中国）
——瑰丽的地下艺术宫殿

中华人民共和国国旗

1．位于凤凰古城以北
2．一幅幅无比瑰丽的画卷
3．“南天门” 高耸入云
4．战死在洞前的将士
5．沈从文一部《边城》使它名声大振

位于凤凰古城以北

奇梁洞位于凤凰古城以北的奇梁桥乡，吉凤公路左侧。该景点集山、河、峡谷、险滩、绝壁、飞瀑、丛林、田园、村落于一洞，洞口宛如巨龙张口，高50余米，宽20多米，一条清溪穿溶洞而过，洞长6 000余米，由地下河和高层干洞组成，共分三层（第一层阴阳河；第二层迷魂谷；第三层天堂和画廊）。内分五大景区：即古战场、画廊、天堂、龙宫和阴阳河。洞中有山，山中有洞，洞洞相连。它集奇岩巧石，流泉飞瀑于一洞，由千姿百态的石笋、石柱、石钟乳构成了一幅幅无比瑰丽的画卷。

洞顶的石壁上倒挂着的那朵巨大的石荷花，便是“雨洗新荷”。

它的形成已有56万年了，它生长的速度非常的缓慢，一百年长一公分，它形成的主要原因是碳酸岩的沉淀。奇梁洞，是凤凰古城的地下艺术宫殿。

奇梁洞

梦幻般的奇梁洞

“湘西明珠”是名副其实的“小”，小到城内仅有一条像样的东西大街，可它却是一条绿色长廊。

相传天方国(古印度)神鸟“菲尼克司”满500岁后，集香木自焚。复从死灰中复生，绝美异常，不再死。此鸟即中国百鸟之王凤凰也。凤凰西南有一山酷似展翅而飞的凤凰，故以此而得名。凤凰县自古以来一直是苗族和土家族的聚居地区。明始设五寨长官司，清置凤凰厅，以境内的凤凰山而得名。1913年改为凤凰县。2001年获中华人民共和国国务院特批，成为国家历史文化名城之一。

一幅幅无比瑰丽的画卷

凤凰古城是中国国家历史文化名城，曾被新西兰著名作家路易·艾黎称赞为中国最美丽的小城。这里与吉首的德夯苗寨，永顺的猛洞河，贵州的梵净山相毗邻，是怀化、吉首、贵州铜仁三地之间的必经之路。

作为一座国家历史文化名城，凤凰的风景将自然的、人文的特质有机融合到一处，透视后的沉重感也许正是其吸引八方游人的魅力之精髓。这座中国最美丽的小城之一的“凤凰古城”建于清康熙时，这颗

凤凰古城始建于清康熙四十三年(1704年)，历经300年风雨沧桑，古貌犹存。现东门和北门古城楼尚在。城内青石板街道，江边木结构吊脚楼，朝阳宫、天王庙、大成殿、万寿宫等建筑无不具古城特色。

洞中奇特的钟乳石

整个大厅会回荡着低沉的号角声，当年的苗民就是用这种方式传令的。

"南天门" 高耸入云

"古战场"为奇梁洞最前面，相传在南宋末年，官场腐败弄得民不聊生。不堪重压的苗族人在这里密谋造反，并和朝廷军队发生多次激战。后来，由于叛徒告密，终因寡不敌众，起义军全体覆灭。该场景内至今还有被起义军用巨石砸马的落马河、供人吃饭的古碾房等遗迹。

过了古战场来到一条小溪边，这里需要坐船，下船后便是奇梁洞的第二大景点"龙宫"。龙宫中，怪石嶙峋、在五彩的灯光效果下更是显得色彩斑澜，有的如龙蛟腾跃、有的如鳖龟戏水。在这绮丽而又诡异的场景中荡舟，那真是像在梦中一样，令人神往。

穿过扑朔迷离的"龙宫"后，随着台阶盘旋而上,便来到了美轮美奂的"天堂"。这里的面积有5 000

凤凰古城分为新旧两个城区，老城依山傍水，清浅的沱江穿城而过，红色砂岩砌成的城墙伫立在岸边，南华山衬着古老的城楼，城楼还是清朝年间的，锈迹斑斑的铁门，还看得出当年威武的模样。

北城门下宽宽的河面上横着一条窄窄的木桥，以石为墩，两人对面走都要侧身而过，这里曾是当年出城的唯一通道。

奇梁洞位于县城北四千米处，属典型的碳酸盐岩洞。一条小溪穿洞而过，水流平缓，灯光打在岩壁上，岩壁倒影在水中，如梦如幻。岩洞用五光十色的霓虹灯打在石笋、石幔及石花上，营造出一个流光溢彩的世界。

在洞内的大厅，据传是苗民聚集的地方，厅里立着一块带一个小孔的石头，对着小孔"呜呜"地吹，多平米，32大景点，而且除了这32景外还有数不胜数的众多小景点。其中最有名的几个景点有“南天门”，它高耸入云；“仙女出浴”，她百媚千娇；“御笔天书”，它维妙维肖；“凌霄殿”，它虚无缥缈；“玉树琼花”，它繁花似锦；“逍遥宫”，它如诗如画；“瑶池”，它银波荡漾；“百鸟朝凤”，它令人神往；“广寒宫”，它让人感到宽阔而又空寂。这里到处都是异彩纷呈，美不胜收。

战死在洞前的将士

从“天堂出来”再往另一侧走，便是有名的“十里画廊”。这里有古木参天，冰山雪莲。还有围满荆棘的“西南丛林”，奇峻陡峭的“华山险道”。有桃花源记中般的良田千丘，也有酷似三潭映月的“西湖小景”。更绝的是有能奏出7个不同音符的石壁“殿堂琴音”。一步一景、十里画廊。

最后便是阴阳河，也是整个洞穴最神秘的部分，高高的洞顶上常年趴着代表黑暗的蝙蝠。河边的水帘后就是传说以前的苗王关押犯人的地方。偶尔传来一两声蝙蝠的声音，让人感到毛骨悚然，不寒而栗。

相传宋代末年，土人首领何车聚众起义反对官府，攻城夺寨，势如破竹。朝廷举派“杨氏三兄弟”统兵征剿，被何车用“追命鼓”、“迷魂锣”、“荷花伞”三件法宝打败。后因叛徒告密，法宝被破，退守奇梁洞中，将士全部战死。

民间至今流传“三十六人杀九千，死在奇梁洞门前”的故事。小溪右岸石壁上垂下一把“荷花伞”，流水有声，传说是何车的护身法宝。

沈从文一部《边城》使它名声大振

地因人传，人杰而地灵。文学巨匠沈从文一部《边城》，将他魂梦牵涉系的故土描绘得如诗如画，如梦如歌，荡气回肠，也将这座静默深沉的小城推向了全世界。

洞中的地下河

因为沈从文是凤凰人，所以很多人都以为边城就是湖南凤凰，其实不然。看《边城》的第一句："由四川过湖南去，靠东有一条官路，这官路将近湘西边境，到了一个地方名叫茶峒的小山城时便有一溪……"很明显沈从文所写的"边城"名叫茶峒。

翻看湘西的地图就会发现，整个凤凰县境内并没有"茶峒"这个地方。当你把视线转移到凤凰县北部的花垣县，在湖南、四川直辖市雾都重庆、贵州的交界处，就会发现"边城"在此。也就是说，"边城"的原型是湖南省花垣县的茶峒镇，不过2008年这个镇已经改名为"边城镇"，在之前出版的地图上仍标为"茶峒"。

自称"刁民"的书画大师黄永玉，走遍了世界，却固执地用一座匠心独运的"夺翠楼"书写他浓烈的恋乡情怀。

湘西土家族苗族自治州位于湖南省西北部，与湖北省、贵州省、重庆市接壤，面积15 486平方千米，境内居住着土家族、苗族、回族、瑶族、侗族、白族等少数民族。

苗族是一个十分好客的民族。有稀客、贵客来到苗寨，往往是主人家请客喝酒吃饭以后，主人家的兄弟、房族、友邻甚至全寨的人家都会接着来请，真可谓"一家客人全寨亲"。苗家请客大都有鸡、鸭、鱼、肉和木耳、香菇、豆腐、豆芽，以及富有民族特色的腌鱼、盐酸菜（即坛酸菜）、香肠、血豆腐等菜肴。不仅要敬酒劝酒，还要唱古歌、以歌助兴。

迷你知识卡

吊脚楼

也叫"吊楼"，为苗族(贵州等)、壮族、布依族、侗族、水族、土家族等族传统民居，在湘西、鄂西、贵州地区的吊角楼也很多。吊角楼多依山就势而建，呈虎坐形，以"左青龙，右白虎，前朱雀，后玄武"为最佳屋场，后来讲究朝向，或坐西向东，或坐东向西。吊角楼属于干栏式建筑，但与一般所指干栏有所不同。干栏应该全部都悬空的，所以称吊角楼为半干栏式建筑。

米拉德埃雷山溶洞（葡萄牙）——葡萄牙最大的石灰岩洞

葡萄牙国旗

1．伊比利亚半岛的溶洞群
2．《加勒比海盗》中的不老泉
3．藏于山腹中的石灰岩洞
4．形似中国清朝瓜皮帽的钟乳石
5．到葡萄牙旅行注意事项

伊比利亚半岛的溶洞群

米拉德埃雷山位于葡萄牙中部地区，距首都里斯本120多千米，是重要的旅游区。

米拉德埃雷山绿树覆盖，流水潺潺，十分秀美。在山间还保存着年代久远的古城堡和风格独特的大教堂，在深深的密林中，还有神秘的“法蒂玛”圣母玛利亚“显圣地”。然而使米拉德埃雷山名闻遐迩的却是山中发达的溶洞，游客可观赏到地下溶洞的奇妙景观。

米拉德埃雷山溶洞群位于欧洲伊比利亚半岛西南部。东、北与西

伊比利亚半岛

岛上的溶洞群

班牙毗邻，西南濒临大西洋。海岸线长800多千米。地形北高南低，多为山地和丘陵。北部是梅塞塔高原；中部山区平均海拔800～1 000米，埃什特雷拉峰海拔1 994米；南部和西部分别为丘陵和沿海平原。主要河流有特茹河、杜罗河（流经境内322千米）和蒙特古河。

北部属海洋性温带阔叶林气候，南部属亚热带地中海式气候。伊比利亚半岛，半岛上大部分为西班牙领土，西南角一小部分为葡萄牙领土，位于欧洲西南角，东部，东南部临地中海，西边是大西洋，北临比斯开湾。

比利牛斯山脉在半岛东北部，比利牛斯山脉为天然界线，与欧洲大陆连接。南部隔着直布罗陀海峡与非洲对望。又称比利牛斯半岛。它是欧洲第二大半岛，南欧三大半岛之一，与意大利等国所在的亚平宁半岛、希腊等国所在的巴尔干半岛并称为南欧三大半岛。

《加勒比海盗》中的不老泉

寻找不老泉是贯穿电影《加勒比海盗》第四集的主线。最终，破译了圣器和咒语之间秘密的海盗们在深深的密林之中，找到了隐藏在洞穴顶部的泉水入口。那里，怪石嶙峋，古树野藤互相缠绕，圣洁的泉水兀自流淌。

米拉德埃雷山，绿树成荫，流水潺潺，十分秀美。但真正让米拉德埃雷山闻名于世的，则是藏于山腹中的那个奇丽壮观的地下溶洞。

上世纪50年代，数名探险者在米拉德埃雷山上偶然发现了洞顶的一个缺口。他们从缺口往下走了近40米，才知道自己已进入了一个仿如人间仙境的洞穴世界，而米拉德埃雷山也从此声名大噪。

“红厅”和“珠宝厅”是米拉

德埃雷山溶洞中的两个主要景点。在紫色、红色等彩灯装点下的“红厅”，四周的钟乳石无不映射出紫红或浅红色的灯光，景象万千。而“珠宝厅”中的钟乳石则形如其名，或如珍珠，或如宝石垂挂半空，在彩灯的映照下，晶莹剔透，光彩夺目。

沿着数百米的蛇形曲径在溶洞中一路前行，沿途尽是风格奇特的嶙峋怪石，让人眼花缭乱。曲径的尽头，豁然开朗。

一缕涓涓细流自头顶的钟乳石间轻泻而下，缓缓流入一个由地下泉水汇积而成的深潭之中。湖中遍布彩灯，交相辉映，朵朵水花在湖面上开出涟漪，水浅处更可见鱼儿嬉戏，令人悠然仿似已经置身世外桃源。

藏于山腹中的石灰岩洞

该溶洞全长4 000米，深110米，是葡萄牙最大的石灰岩洞。洞中千姿百态的钟乳石和石笋，在灯光的映衬下，更加生动迷人，如临仙境。这座石灰岩洞所展现给人们的美妙景观是大自然经过亿万年的艰辛塑造而成。

含有化学成分碳酸钙的地下水，从洞顶下滴，水分慢慢蒸发，二氧化碳逸出，碳酸钙渐渐沉积下来，形成了千奇百怪的钟乳石和石笋，构成了一幅绝妙的人间“仙境”。

1953年，一群探山人发现了洞顶的一个缺口，他们沿洞口下行，才真正发现了藏于山腹中的

米拉德埃雷山溶洞

地下溶洞。

现在进入溶洞不远，就可见到当年探山者首次发现的洞口，就在溶洞顶部，是一深约42米的垂直溶洞。沿人造水泥台阶再前行10米远，就是溶洞的第一厅。此厅呈拱圆形，高约30米，四壁凹凸不平，似刀砍斧削，极显自然之雕凿。

溶洞内的美景

人造台阶所铺之路在洞里迂回曲折，盘旋而上，精心构筑，亦成一景。台阶两旁的岩缝中灯光闪闪，光怪陆离。

据说溶洞之中装有3 000多只七彩灯泡，巧妙地装点了各处的景致。另外各处还设有100多个立体音箱，柔和优美的旋律回荡在溶洞之中，声音清越，空洞悦耳，更添几分身临其境的感觉。

形似中国清朝瓜皮帽的钟乳石

珠宝厅中的钟乳石形如珍珠、宝石垂挂，再加彩灯映照，更是晶莹剔透，光彩夺目，让人眼花缭乱。再往前行，又是一垂直岩洞直通溶洞之顶，形如屋顶。

过了此厅，垂直下行，就进入一长达数百米的蛇形曲径。此处的钟乳石仍是风格奇特、怪石嶙峋。有的阡陌纵横，有的如一巨大的风琴，有的像恋人般相依相伴。最引人注目的是一块形似中国清朝瓜皮帽的钟乳石侧放在岩壁左侧，游人风趣地称之为“中国帽”。

岩洞中有一条大湖。湖是由地下泉水汇积而成的深潭，全长140米。湖中遍布彩灯，交相辉映，电动水栓随着悠扬的音乐不停喷射，朵朵水花开在湖面上。湖中水浅处可见有鱼儿嬉戏，游人可岸边观鱼，即景拍照，也可以泛舟湖上，尽享美景。

到葡萄牙旅行注意事项

因葡萄牙目前无直飞中国的航班，如经其他申根成员国来葡萄牙，入境手续在该申根成员国口岸办理，如经非申根成员国的第三国来葡萄牙,入境手续在葡萄牙口岸办理。个人的随身物件一般可免税带入葡境；个人使用的生活必需品，如家用电器、厨具等一般也可免税带入葡境，但以每种一件为限。超出个人使用范围的衣物、小百货等及一件以上的电器、厨具等将被视为商品，须向海关申报、交税。

不要携带大量现金;护照等旅行证件应妥为携带，最好事先准备护照复印件及个人近照另处存放，以防不测;入夜后尽可能减少外出。

葡萄牙人习惯在人名前加上某种称呼，以表示礼貌与尊重。对男子普遍称先生，对妇女称夫人或女士，对未婚女子称小姐或女士。国民热情好客，握手是两人碰面后的标准礼节。若是受到主人的吻颊礼欢迎，也不必感到过分的意外。

在葡萄牙，从小孩到大人，人人用餐时都佐以波尔图酒等各种葡萄酒。它被葡萄牙人列入恢复体力的补酒。

在葡萄牙的餐馆，开始上菜同时送来的开胃小点心很可能是收费的。如果对这些点心没什么兴趣，立刻把碟子送回去，不必担心会因此得罪店家。

波尔图酒

产于葡萄牙杜罗河一带 ，在波尔图港进行储存和销售。波尔图酒是用葡萄原汁酒与葡萄蒸馏酒勾兑而成的，有白和红两类。

白波尔图酒有金黄色、草黄色、淡黄色之分，是葡萄牙人和法国人喜爱的开胃酒。红波尔图酒作为甜食酒在世界上享有很高的声誉，有黑红、深红、宝石红、茶红四种，统称为色酒 ，红波尔图酒的香气浓郁芬芳，果香和酒香协调，口味醇厚、鲜美、园润，有甜、半甜、干三个类型。最受欢迎的是1945年、1963年、1970年的产品。

怀托摩萤火虫洞（新西兰）——萤火虫的天堂

新西兰国旗

1．1.5万年历史的萤火虫天堂
2．岩洞所有权为毛利人
3．危机四伏的“垂钓线”
4．全程禁止拍摄和喧哗
5．自然之宝是永恒的

1.5万年历史的萤火虫天堂

怀托摩萤火虫洞，也称萤火虫洞、怀托摩洞，位于新西兰的怀卡托的怀托摩溶洞地区。怀托摩萤火虫洞有1.5万年的历史，成千上万的萤火虫在洞内熠熠生辉，灿若繁星。

怀托摩萤火虫洞因其地下溶洞现象而闻名。地面下石灰岩层构成了一系列庞大的溶洞系统，由各式的钟乳石和石笋以及萤火虫来点缀装饰。一些溶洞对游客开放，另一些用于专家进行研究。

该洞以其萤火虫数量而闻名于世，萤火虫盘旋在洞穴顶部垂下的丝团上，然后这些萤火虫发出光吸引猎物粘到丝团。因此，洞穴顶部

怀托摩萤火虫洞

洞中的千丝万缕

覆盖着大量的萤火虫使得洞穴看起来像是一个夜晚的天堂。

成千上万的萤火虫在岩洞内熠熠生辉，有人把这种自然奇观称为“世界第九大奇迹”。

从奥克兰驱车南行160多千米就到了小城怀托摩。毛利语中，怀托摩是“绿水环绕”的意思。萤火虫洞入口处是座尖顶小木屋，旁边立着刻有毛利图腾的木雕红柱。现在的怀托摩洞已禁止游人拍照。

饥饿的萤火虫所发出的光要比所吞食的虫子所发出的光线更加明亮。比洞穴顶部更低的数百个硅质石串遍布洞穴之中，外表看上去非常美丽的丝团却有更阴险的用途，萤火虫可以通过丝团线诱捕洞穴发光虫。

它所发出的怪异蓝光是尾部特殊囊结构发生的化学反应，许多昆虫都无法抵抗地朝向它们飞去，却最终落入陷阱之中。一旦这些昆虫被粘住就无法逃脱。通过诱捕在洞穴里孵化的虫子，荧火虫能够解决其可靠的食物来源。

岩洞所有权为毛利人

1887年，一位当地毛利族族长塔·帝努老及一位英国测量师法兰德首次进入萤火虫洞，他们用亚麻杆做成竹筏，用蜡烛照明，沿小溪向洞底进发。

当眼睛适应了黑暗的环境后，他们惊奇地发现，有无数闪亮的光点映在水面上，经仔细观察，原来洞壁上爬满了成千上万的萤火虫，那些奇异的光点就是它们散发的光亮。

经过多次探险后，他们终于摸清，这个奇异的钟乳石洞共有三层，顶层有出口直通洞外。他们大喜过望，旋即向地方政府报告了这一重大发现，经当地政府审定，于1888年向游人开放。当年他们探险时的进口，做了出口；当年的出口，成了入口。

距发现此洞百年后的1989年，新西兰当局终于把这个洞的所有权归还给了毛利人。

毛利人是新西兰的少数民族。属蒙古人种和澳大利亚人种的混合类型。使用毛利语，属南岛语系波利尼西亚语族。有新创拉丁文字母文字。信仰多神，崇拜领袖，有祭司和巫师，禁忌甚多。

相传其祖先是10世纪后自波利尼西亚中部的社会群岛迁来。后与当地土著美拉尼西亚人通婚，发生混合，因此在体质特征上与其他波利尼西亚人略有不同。

新西兰的毛利人是世界著名的吃人族。当然现在已经有200多年不再吃人了，可是现代的毛利人仍然为他们的祖先的悍勇感到非常自豪。如果游客访问新西兰的北岛，旅行团通常会安排你们看一场毛利人的歌舞表演；其中最精彩的一段就是吃人之前的仪式。

危机四伏的“垂钓线”

新西兰的萤火虫是两翼昆虫的幼虫期，每一只萤火虫可以吐出最多70条湿黏的透明丝线，最长的甚至有近20厘米，借助发出的微光吸引并捕捉其他的昆虫做为食物，赖以为生存。

萤火虫需要充分的湿度避免干枯死亡、需要适当的环境让吐出的丝线稳定悬挂、并且需要黑暗的空间散放微光，而钟乳石洞穴里正是一个天然且搭配的天衣无缝的理想生存空间。

洞顶的星星点点

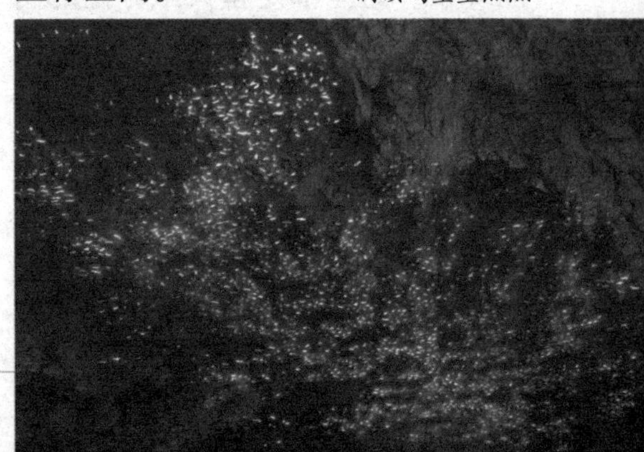

隐隐闪光的萤火虫

新西兰的萤火虫生命周期为一年。幼虫会发光吐丝，其荧光随着年龄增大变得愈加明亮。幼虫经6～9个月变成成虫。成虫有翅膀却没有嘴巴，无法进食，也不会飞。只是疯狂地交配产卵，直至筋疲力尽。2～3天后，它们会用尽最后一点力气撞向幼虫的丝网，舍身给自己的后代作食物。

在怀托摩萤火虫洞洞穴深处的侧面岩石上一片片绿白色微光。微光下是无数条长短不一的半透明细丝，从洞顶倾泻而下。每条丝上有许多“水滴”，极像晶莹剔透的水晶珠帘。这些都是萤火虫分泌的附有水珠般黏液的细丝。

洞内其他昆虫循光而来，撞到丝上就动弹不得。萤火虫幼虫便爬过来捕食之。

美丽荧光下的水晶珠串，其实是危机四伏的“垂钓线”。这些洞内的萤火虫,对生存环境的要求近乎苛刻,遇到光线和声音便无法生存。目前只在新西兰和澳大利亚发现了这种萤火虫。人们无法在影视作品中欣赏到，连旅游宣传照片也屈指可数。

全程禁止拍摄和喧哗

沿着洞中石阶而下，登上河边的小船，渐渐就会进入伸手不见五指的黑暗中。可以用手拉着绳索推动小船前进，只有轻轻的水声。不远，就能发现前面的水面有光影摇动，其实你自己已处在一片“星空”之下,头顶似乎有条浅绿的光之河在流动。绿色的光点如满天繁星，闪闪烁烁。密集处层层叠叠，稀疏处微光点点。远远望去,仿佛观赏星罗棋布的万家灯火。

“群星”倒映在水面上，如万珠映镜，美不胜收。

进入萤火虫洞洞穴参观有特别几项规定：钟乳石及石笋会因为触摸而失去它的色泽，并破坏其脆弱的组成结构，必须珍惜，千万不要用手触摸；在萤火虫洞洞穴内必须保持宁静，特别是乘坐平底船观看萤火虫时，千万不要惊吓破坏了萤火虫的生态环境；最后为了每位游客的安全,全面禁烟、全程禁止使用相机及录像机、并且必须跟着团队一同行动以便向导照顾，避免在湿黑的萤火虫洞洞穴内发生意外。

萤火虫洞如此天然形成难能可贵的奇景，非常需要每一位游客一同来爱护与维持萤火虫洞，让更多的人能够欣赏并体验这世界奇景之一萤火虫洞的风采。

自然之宝是永恒的

怀托摩的萤火虫和世界上其他地方的萤火虫不同，在长达9个月的幼虫期，这种小虫不仅能发光，还会像蜘蛛一样吐出一根根丝来，这种细丝上面附着一粒粒小水珠般的黏液，在萤火虫迷人的荧光下，就像一幅幅晶莹剔透的水晶珠帘。

当其他昆虫循光而来撞在“珠帘”上后，就会被上面的黏稠物质困住，随后成了萤火虫的美味佳肴。

毛利人很早以前就知道怀托摩的溶洞了，但他们认为“自然之宝是永恒的，人间创造之物是会消灭的”，由此选择了保密。正是由于毛利人对大自然充满了敬畏之情，才使得这些溶洞完好地保存了下来。

直到1887年，英国测量家弗瑞德·梅思说服了毛利酋长谭内·提诺劳，对怀托摩的萤火虫洞进行了勘探，才于两年后的1889年正式向人们开放。

100多年来，无数游客饱览了这个奇妙无比的洞穴，也正是这些来自世界各地人们的共同保护，才使得这份来自大自然的馈赠虽经百年而璀璨依旧！

祭司

或叫司祭，祭师，是指在宗教活动或祭祀活动中，为了祭拜或崇敬所信仰的神，主持祭典，在祭台上为辅祭或主祭的人员。

根据不同的信仰,祭司被认为具有程度不同的神圣性。无论是在实用的社会职能还是神秘的宗教层次,祭司都有不可替代的重要性。

6 日本三大钟乳洞（日本）——大自然赐予的宝藏

日本国旗

1. 日本三大钟乳洞
2. 龙泉涌泉为日本名水百选之一
3. 世界上开放最早的自然洞穴科学馆
4. 东洋第一大钟乳洞
5. “洞内富士山”

日本三大钟乳洞

日本三大钟乳洞为龙泉洞、秋芳洞和龙河洞。日本位于欧亚大陆和太平洋的交界处，气象变化十分复杂。日本海一侧和太平洋一侧、山地和平地、内陆地带和沿海地带等随着地区的不同气候有着显著的差异，各地的季节变化也较为明显。

秋芳洞入口

由于地形南北狭长，日本的气候可分为以下几类，北海道和东北地区属亚寒带多雨气候区，冲绳和奄美大岛属亚热带气候区，而其他地区基本都属于温暖潮湿气候区。这些地区之间的气温差别以及同一地区在一天中的温差都比较大。

龙泉涌泉为日本名水百选之一

龙泉洞是日本三大钟乳洞之一，位于岩手县中部、宇灵罗山的山麓。该洞是一座石灰岩洞，已被指定为国家级天然纪念物。洞内的长度仅已知的部分就达2 500多米。从里面涌出的丰沛的清水形成了洞内的地下河，还有几个很深的地底湖。

岩手县岩泉町的钟乳洞“龙泉洞”，观光全线约为1.2千米，洞内的实际长度迄今仍然众说纷纭，全长大约2.5千米至5千米。昭和四十二年时，岩手县推动新的观光事业

龙泉洞

其主要渔港。岩手县在2011年3月11日东日本大地震严重受灾县。

龙泉洞的涌泉水质清澈无比，而且泉质异常甘醇爽口，据称是由于地底湖涌出的泉水，流经富含养分的腐植土，再经过石灰质地形的过滤净化，当地的涌泉才有特别的泉质口感，也获选为日本名水百选之一。

时，重新整建龙泉洞口时，在入口侧边发现新的洞口，称为“龙泉新洞”，洞内发现许多古人所用的土器，石器，为学者开启新的古代人类活动研究契机。

岩手县位于日本本州岛东北部，距东京约466千米，东西约122千米、南北约189千米、南北长的椭圆形地形，总面积占日本总土地面积的4%之多，是日本著名的农业、渔业地区，一级行政区，是日本著名的稻米、肉牛、乳牛产地。

海岸复杂多变，多天然良港，面临千岛寒海流与日本暖海流的交汇处，渔业资源丰富，水产养殖和捕捞渔业十分发达。宫古和釜石是

经考察已确认龙泉洞中有“蝙蝠洞”、龟岩支洞等许多支洞，洞内生息着5种蝙蝠，都已被指定为国家级天然纪念物。

从入口处到约700米处的第三个地底湖之间，有一段已对外开放。地底湖的透明度在世界上也不多见，其中第三个地底湖深达98米，被灯光点缀的湖面闪烁着绿宝石般的光辉，飘忽着一种神秘的美感。以目视距离可达水深98米处的第三地底湖，以及尚未开放的日本第一

水深120米的第四地底湖，以其在世界上数一数二的透明度而著称。此外，还有洞穴石帘、石笋、钟乳石、洞穴珊瑚等，洞内还住着珍贵的兔耳蝙蝠。

龙泉洞内地底湖

世界上开放最早的自然洞穴科学馆

龙泉洞入口对面是龙泉新洞，洞内禁止摄影。龙泉新洞科学馆是世界上开放最早的自然洞穴科学馆。馆内主要展示有在龙泉新洞内发现的土器、石器等，此外还有洞穴学、地学、生物学、考古学等许多方面的宝贵资料。

龙泉新洞是于1967年发现的钟乳洞，洞内长度有450米。

东洋第一大钟乳洞

秋芳洞是日本最大的喀斯特地形的高原东洋第一大钟乳洞，秋芳洞位于山口县，位处美祢郡的秋芳町起，延伸至美东郡秋吉台，深度约为地下100米左右的钟乳石洞，入洞处有一个瀑布（滝），因此秋芳洞古称“滝穴”。秋吉台还有两处钟乳洞，分别为景清洞及大正洞，于2005年11月，经由对拉姆萨尔公约条约登录为水鸟栖息保护地。1962年时，当时还是皇太子的昭和天皇，曾经来此探险，称这里为“秋芳洞”，从此便以此为名。

山口县位于日本本州岛最西端，形如半岛，是连通日本本州岛与朝鲜半岛乃至中国的交通要冲。三面环海，是日本的水产大县，以下关市盛产河豚而最为著名，对外贸易发达，石油化学工业、渔业方面都非常发达和繁荣，为日本资本主义思想的发源地之一。

山地、丘陵占90%以上，低地只

秋芳洞

有十分之一，农耕条件不佳，有日本最大的喀斯特高原、著名的钟乳石岩洞和有着原始森林的国家自然公园等，有“小京都”的美称。该县因出了菅直人等多位日本首相而被视为“政治家的摇篮”。

1895年4月，清政府与日本在山口县下关市签订《马关条约》。

秋芳洞在秋吉台的地下约100米的地方，为东洋第一大钟乳洞。这个巨大的钟乳洞，是石灰岩被地下水慢慢地溶化后，经过30万年的岁月逐步形成的，目前已确认的全长就达10千米。其中有约1千米已开发为观光景点对外开放，在里面可以观赏到青天井、百枚皿等许多奇观。

洞内气温常年保持在摄氏17度左右，即使夏天也需要穿长袖。目前开放观光的路线大约1.5千米左右，但是据科学家的实地研究，总长约有8.8千米，和另一小钟乳洞葛穴相连，已经指定为日本国之特别天然纪念物。

大约在3.5亿前至2.2亿年前诞生的珊瑚礁由于地壳运动而陆地化，在地下石灰化了的珊瑚礁长期溶在水里形成的洞穴。总长约10千米。

洞内有6种蝙蝠、秋芳蚯蚓等固

有种类和珍稀生物。也可以从距正面口、黑谷口和秋吉台展望台约300米的电梯口入洞。仔细观赏的话需要1～2小时。

“洞内富士山”

龙河洞的历史在3个溶洞中间最悠久，大约于1.75亿年前形成，是日本少见的钟乳洞，位于高知县土佐山田町三宝山下方，秋芳洞是一个熔岩洞，有几千米的距离，在洞大的地方能容下一个军舰，在小的地方，只能一个身位过去。

洞内主要有西本洞，中央及东本洞3个主要的干线通道，另外还有24个复杂的之洞所连接而成的钟乳石洞地形，总长度约4千米，目前开放观光的路线仅有1千米左右，不过洞内位于高知县上龙河盆地下方，三宝山南侧的位置，水流从约20楼层高处宣泄而下，洞内装置了灯光透射在瀑布的后方，是来此处的重要景点之一，水流和白色的钟乳石环境的相映，仿佛是另外一种外星球的地形景观，常令观光客们赞叹不已。

洞内还有2 000年前所遗留下来的土器、石器、火烧痕迹，由于石灰地形的作用，部分的土器已被钟乳化，目前是日本指定的国家级天然纪念物。

洞内有一座钟乳石山因形似日本的富士山而被成为“洞内富士山”。洞内最大的自然柱被称为黄金柱，在灯光的照应下，宛如一根巨大的黄金，熠熠闪光，非常壮美。假如进入洞内参观，路边都有自动讲解机，而且有中、韩、日、英四种语言，服务非常人性化。

迷你知识卡

亚热带气候

是按照气温的不同对世界气候类型做出的区域性划分。亚热带，又称副热带，是地球上的一种气候地带。一般亚热带位于温带靠近热带的地区。

亚热带的气候特点是其夏季与热带相似，但冬季明显比热带冷。最冷月均温在0℃以上。

刚果洞（刚果共和国）——“鸵鸟家乡”的钟乳石洞

刚果共和国国旗

1．非洲第一大钟乳石洞
2．魔鬼的烟囱
3．把自己像信件一样在石头上邮递
4．牧人为寻找失踪的小牛发现
5．不敢轻易尝试的黄蚂蚁酱

非洲第一大钟乳石洞

进入南非，无论从地理还是从心理，开普敦都是最恰当的开始。从桌山远眺，隐见印度洋与太平洋交汇之天际，一片银光泛现的海角，风清浪白，云蒸霞蔚。环野四望，岩石嶙峋的群山在海风中神秘莫测。

神秘的刚果洞就是座落与其同样神秘的岩石群中间，刚果洞位于由著名的鸵鸟城——奥次颂往北约30千米处，奥次颂是南非的一个小镇，地处非洲南部高原，人口约6万左右。气候常年干旱，因其气候十分适合鸵鸟的生长，南非绝大多数的鸵鸟养殖农场都聚集在这里，几百年来是这个地区的支柱产业。也被人们称为“南非的鸵鸟都城”、“鸵鸟的家乡”。

洞内的钟乳石十分壮观

钟乳石的形态各异

柱、水晶，有些甚至高达10米以上。

洞穴内安排了五彩缤纷的投射灯光，别有一种神秘的美感。向导利用灯光的明灭，解说钟乳石地形的形成，还有内部中空，用手拍打会发声的鼓石。游客可以动手尝试。

由于鸵鸟经济的繁荣，1913年的奥次颂就已经拥有了三家银行、三家豪华酒店、两所高等学校和两份当地报纸，这个小城成为当时整个开普地区最富裕的一个小镇。

刚果洞是非洲最大的钟乳石洞，目前探勘完成的洞穴宽1.5千米，长16千米，不过因为洞穴太深，至今仍无法确知这个历经20万年形成的洞穴地底有多大。

刚果洞是一个巨大的石钟乳洞穴。于1780 年被人发现，这是一个107米深、宽54米、高17米之巨大绮丽的钟乳石洞窟奇景。这座山中洞穴，入口处有土著布须曼人所遗留下的壁画，洞穴中则尽是石笋、石

魔鬼的烟囱

据考据洞中有些地形已历经15万年之久，蕴藏着许多宝贵的学术数据，探勘的工作仍持续进行中，称得上是南非最珍贵也最壮观的自然地形之一。

在高温多雨的石灰岩地带，地下石缝中的水受的压力较大，二氧化碳气体溶解度随压力的增大而增大，二氧化碳气体溶于水生成碳酸，当这样的溶液在地下石灰岩层流过时，与石灰岩的主要成份不溶

于水的碳酸钙发生化学反应，生成溶于水的碳酸氢钙，生成钟乳石和石笋的溶洞都是由石灰岩构成的。洞顶有很多的裂隙，每一处裂隙里都有水滴渗透出来。

每当水分蒸发掉后，那里就会留下一些石灰质的沉淀，日积月累，天长日久洞顶上的石灰质愈积愈多，终于形成了钟乳头。以后钟乳头外面又包起一层石灰质，以至越垂越长，就形成了姿态万千的钟乳石。

一般情况，普通的游客只能在比较安全和宽敞的地方进行观赏。但是也可以进一步进行探索。这条路很险、很难走。很多地方需要手脚并用，甚至靠扭动全身来进行移动，置身于仅仅30厘米宽的“魔鬼的烟囱”中，你能想象出单凭人的手脚在又湿又滑的溶壁上寻找支点，将自己送出洞口的情景吗？

通过这个洞之前，建议先量一下自己的胸围和臀位，“丰满”的人在这儿可是会变成让你出不去的包袱。另外，要通过这个洞，团队协作也非常重要。

把自己像信件一样在石头上邮递

在“邮差的信封”这关，进入岩洞的游客必须平躺或趴在石壁上，慢慢地往下滑，像信封被投进邮筒一样。感觉很刺激很好玩。但是参加这个项目的游客一定要注意自己的衣服，否则衣服可能“投递”中“英勇牺牲”破掉。这是来到洞里的游客都乐死不疲喜欢参加的游戏。

还有一些地方需要把自己收缩起来能多小就多小，慢慢的移动。这对大家的柔韧性和收缩能力是一个巨大的挑战啊。建议老人、胖人、

鬼斧神工一般的壮观

骨质疏松患者勿入。

刚果洞真是一个充满了神秘色彩的地方，里面有究竟有多大至今还无法确知。

牧人寻找失踪的小牛发现此洞

刚果洞是1780年7月11日，牧人为了找寻走失的小牛，无意间发现的。游览刚果洞有两种行程供游客选择：一个是标准行程，路比较好走，参观6个主要的石室，大约需要一个小时。老人、胖人、身体不太好的游客最好选择这个行程。

另一个是冒险行程，除了能看标准行程中经过的所有石室，更可以深入刚果洞中已被发现的密道，要穿越很窄的洞，需要爬行和滑行，全程大约需要一个半小时。

进入刚果洞，首先呈现在眼前的是科伊桑原始人在洞穴的生活复原模型。科伊桑人是1万年前生活在洞穴的原始人，除了在刚果洞发现为数不少的史前文物，也在墙壁上留有下珍贵的壁画，纪录科伊桑人的生活情景，不过真迹已经被移往博物馆保存，现在墙壁上的只是复制品。

钟乳石造型各异

洞穴中尽是石笋、石柱、水晶，有些甚至高达10米以上。五彩缤纷的灯光投射出大自然的鬼斧神工。洞穴内平均温度约18℃，游客可以穿夏装。洞穴内禁烟，也禁止携带食物入内。洞穴里的钟乳石造型各异，令人浮想联翩。

不敢轻易尝试的黄蚂蚁酱

刚果位于非洲西部。首都为布拉柴维尔。该国接壤于刚果民主共和国、喀麦隆、中非共和国、加蓬以及安哥拉等国，毗邻几内亚湾。1964年 2 月22日与中国建交。

刚果人以木薯、大米、玉米、高梁以及多种野生动物、植物为主要食品。口味喜辛辣，爱吃带汁的菜。多用烧、烩、熘、焖等方法烹制菜肴。调味品中多用椰子油、香菜、胡椒、辣椒等。习惯吃大块肉，而不喜欢吃肉片和肉丝。这与他们豪爽的性格相符合。

他们还喜欢吃各种豆类、马铃薯、西红柿、卷心菜、萝卜、胡萝卜等，也吃蘑菇等菌类食物，而讨厌鸡毛菜和虾，认为鸡毛菜是草，虾是虫。

刚果人喜欢吃花生捣碎做成“花生面包”，还喜欢食用一种用香蕉、花生、木薯面、棕榈油、辣椒和盐混合做成的“龙乌马”食品，这些既是主食又可当菜肴。

刚果人有大片的森林，所以在刚果有“吃树”之说。这既由于大量木材出口换来的粮食，又因为有些树木的果实可以加工成食品，如用油棕果炸油、用柑橘制饮料等。

此外，刚果果树遍地皆是，香蕉、椰子、芒果、木瓜、油梨等，都是自生自长，人人可以随意采摘，有些刚果人甚至整年以水果代粮。

刚果人经常食用用大黄蚂蚁制成的蚁酱，有时外出狩猎捉到猴子，将猴肉熏熟后，蘸着蚁酱吃，被他们认为是最好的美味佳肴。

刚果入境检查比较慢，大家需要按照秩序排队，准备好自己的证件。最好的方法就是装作自己即不懂英语也不懂法语，他说什么只要摇头就对了，什么也听不懂，几分钟后他就会失去耐心，很无奈地放你过去。

当然，自己的手续一定要全：护照、返程机票、签证、邀请函复印件、黄皮书。要提前和代表处的部门接口人取得联系，安排好接机，并要注意让接机人制作接机牌时上“保险”。

随身携带的行李不要有绿色的像军用的物品。否则可能在过安检的时候出现不必要的麻烦，影响探索这个非洲第一大钟乳石洞的心情。

碳酸

碳酸(H_2CO_3)是一种二元弱酸，电离常数都很小。但也有认为其为中强酸，因为跟据无机酸酸性强弱判断式判断其酸性与磷酸相似。在常温常压下，二氧化碳饱和溶液的浓度约为0.033mol/L，pH值为5.6；H_2CO_3的饱和碳酸溶液的pH值约为4；而在自然条件下CO_2含量是0.3%，溶解达到饱和时pH=5.6。

织金洞（中国）
——喀斯特地貌造就的岩溶博物馆

中华人民共和国国旗

1. 多层次多类型的溶洞
2. 气势恢宏的织金洞
3. 旅游黄金环线
4. 织金洞中的联想世界
5. 沉积丰厚的文化氛围

多层次多类型的溶洞

织金洞原名打鸡洞，位于贵州省织金县城东北23千米处的官寨乡，距省城贵阳120千米。

1980年4月，织金县人民政府组织的旅游资源勘察队发现此洞。它是一个多层次、多类型的溶洞，洞长6.6千米，最宽处175米，相对高差150多米，全洞容积达500万立方米，空间宽阔，有上、中、下三层，洞内有40多种岩溶堆积物，显示了溶洞的一些主要形态类别。

织金洞是中国目前发现的一座规模宏伟、造型奇特的洞穴资源宝库。洞深10余千米，两壁最宽处为173米，最高达50米。

洞内空间开阔，岩质复杂拥有40多种岩溶堆积形态，包括世界 溶洞中主要的形态类别，被称为“岩溶博物馆”。洞外还有布依、苗、彝等少数民族村寨。国务院副总理谷牧的“此景闻说天上有，人间哪得几回游。”中国作家协会副会长冯牧有诗曰：“黄山归来不看岳，织金洞外无洞天。琅嬛胜地瑶池境，始信天宫在人间。”二牧之词被认为是绝唱。

织金洞内有洞天

气势恢宏的织金洞

织金洞属亚热带湿润季风气候区域，地处我国乌江上游缔结河峡谷南岸，因受新构造运动影响，地块隆升，河流下切溶蚀岩体而形成的高位旱溶洞。地质形成约50万年，经历了早更新世晚期至中晚新世。

由于地质构造复杂多变，使该洞具有多格局、多阶段、多类型发育充分的特点。

织金洞是一个多层次、多阶段、多类别、多形态的完整岩溶系统，是目前世界上已经开发作为旅游溶洞的佼佼者之一。

洞内相对高差150多米，最宽跨度175米，洞内一般高宽均在60至100米之间，总面积达70多万平方米，堆积物的高度平均在40米左右，最高堆积物有70米，比世界之最的古巴马丁山溶洞最高的石笋还要高7米多。

从洞的体积和堆积物的高度上讲，它比一直誉冠全球并列为世界旅游溶洞前六名的法国、南斯拉夫等欧洲国家的溶洞要大两三倍。

瑰丽多姿的喀斯特地貌风光，把织金洞映衬得气势恢宏。在织金洞地表周围约5平方千米范围内分布有典型的罗圈盆、天生桥、天窗谷、伏流及峡谷等，具有较高的观赏价值和科研价值，被国际知名的地貌学家威廉姆称为“世界第一流的喀斯特景观”。

气势恢弘的织金洞

织金洞犹如璀璨明珠，辉映其中。洞西2千米处的一巨型水洞，洞东3千米处至贵阳方向的水上风光旅游线——东风湖更与织金洞互为烘托，相得益彰。

旅游黄金环线

织金洞最显著的特征可以用三

个字来概括："大、奇、全"。织金洞大：指纳金洞的空间及景观规模宏大，气势磅礴。已勘察长12.1千米，目前开发6.6千米，洞腔最宽跨度175米，相对高差150米，一般高宽均在60米、100米之间，洞内总面积70万平方米。织金洞是大自然赋予人类的杰作、精品。

奇：指景观及空间造型奇特，审美价值极高。风景旅游科学家们从奇特度、审美度等各方面给其中许多厅堂和景观评了满分。

全：指洞内景观形态丰富，类型齐全，岩溶堆积物囊括了世界溶洞的主要堆积形态和类别。

根据不同的景观和特点，分为迎宾厅、讲经堂、雪香宫、寿星宫、广寒宫、灵霄殿、十万大山、塔林洞、金鼠宫、望山湖、水乡泽国等景区，有47个厅堂、150多个景点。

洞内有各种奇形怪状的石柱、石幔、石花等，组成奇特景观，身临其境如进入神话中的奇幻世界。

最大的洞厅面积达3万多平方米。每座厅堂都有琳琅满目的钟乳石，大的有数十米，小的如嫩竹笋，千姿百态。还有玲珑剔透、洁如冰花的卷曲石。霸王盔、玉玲珑、双鱼赴广寒、水母石、碧眼金鼠等景观，形态逼真，五彩缤纷。

特别是那高17米的"银雨树"，挺拔秀丽，亭亭玉立于白玉盘中，人人赞叹。

织金洞不仅有很高的旅游、美学价值，而且于研究中国的古地理、古气象学等都有极高的科学价值。是中国目前发现的溶洞中最出类拔萃的一个。与黄果树、龙宫、红枫湖三个国家级景区形成了贵州西部旅游黄金环线。

姿态万千的钟乳石

织金洞中的联想世界

织金洞太繁复、太丰富，且不说尚有一半厅堂未开放，即使开放的6.6千米，成千成万的小景观未命名，甚至一些大景观大场面至今也尚无佳号雅称。如讲解所有的景观，或许一天也出不了洞，更何况许多景观你只觉得它美它奇，但又难以用一个个具体物象比拟它。

所以观赏织金洞，绝不像品一首小诗那么洒脱，也不似画廊观画那么悠闲、从容，你时时会被一种近乎压抑的崇高感征服、净化，思维也似乎中断了，你需要想象力和创造力从中超脱出来，与它保持一段距离。你会联想到“天宫”，在洞中找到了“天宫”，神话中的南天门，找到了“天宫”里的宫殿、人物和器皿物什。

织金洞本身的构造就注定要给你这种想象力。你也会联想到一首乐曲、一首凝固的乐曲，错综的巨大洞口一开始就定下了这首乐曲神秘磅礴的基调，然后变幻为狭窄的幽径如婉转的小调进入神秘的“讲经堂”和“万寿宫”而形成强烈对比，让你感到一种星光隐隐、海波回荡的交响，这交响演绎成弯弯曲曲的南天门又拐入水晶宫——一段田园风光的插曲，插曲结束是如歌的行板——明朗而华美绚丽的灵霄殿，之后是乐曲的高潮——广寒宫，神秘深邃的主旋律重复再现直至“银雨树”而戛然而止。

霸王盔

不同阅历的人，想象的角度和内容也不同，还会联想到了中国的名山大川诸如“水乡泽国”、“黄土高原”，联想到了古罗马城堡和古希腊遗址。你甚至还会发思古之幽情，与这经历了数十万年的石头精灵沟通，渴求一种深切的生命体验，探寻它的由来。

织金洞漫长的游程、复杂的层次和宏大的体量无不在检验你的意志力。几乎所有的游客出洞时都感叹：太美了、太累了。这似乎道出了一个审美的辩证观，神奇绝妙的风景常在险远之处。

在织金洞中审美，你时而压抑时而兴奋时而舒坦时而紧张，身心常常处于一种震荡之中，而这种震荡即便经历许多年也会深深地印在你的脑海里。

沉积丰厚的文化氛围

发人思古的彝族文物、清丽秀雅的织金古城，给织金洞增添了沉积丰厚的文化氛围。震撼西南的明末彝族起义首领安邦彦的故居“那威遗址”和“安邦彦墓”就在织金洞附近，凭吊古迹，令人荡气回肠。

与织金洞相距23千米素有“小桂林”之称的织金古城，是贵州省四个历史文化名镇之一，城中多有庙宇、寺、阁、石拱桥，与奇山、秀水、清泉相融相依。加之有如明代奢香夫人和清代重臣丁宝帧等历代人杰遗迹荟萃，使织金洞成为自然景观和人文景观相结合的风景名胜区。

浓郁的民族风情，独特的风物特产，丰富和充实了游人的名洞之旅。因织金洞处于苗族地区，在这里,你可以领略苗族射弩表演的伟力，可以与苗胞相携随乐跳起芦笙舞，还可以亲身感受苗家儿女求偶择伴的“跳花”情景……

在这里，颇负盛名的织金“残雪”、“金墨玉”大理石系列工艺品，做工古朴的蜡染纪念品和砂器用具，可供游人赏玩择购，营养极高的竹荪、天麻等产品，都是织金县久负盛名的特产，不仅口味极佳，更是美容养生的佳品。

芦笙舞

主要分布在中国贵州、广西壮族自治区和湖南等地的侗族，分别系属于汉藏语系壮侗语族的壮傣和侗水两个语支。其先民是古代“百越”中“骆越”支系“西瓯”的后裔。隋唐时期至宋代，曾被称作“峒”和“洞”，以后才以“侗”为该民族的族称。广西柳州地区三江侗族自治县的侗族，在每年农历三月初三都要举行具有丰富多彩内容的盛大民族活动。

石花洞（中国）
——地理学知识科普教育基地

中华人民共和国国旗

1．形成于7 000万年前的造山运动
2．研究古地质环境的重要信息库
3．地壳运动的神奇之处
4．消失的“钱库”传说
5．“中国最佳溶洞奇观”

形成于7000万年前的造山运动

石花洞又叫潜真洞，它形成于7 000万年前的造山运动。石花洞地处北京房山区西山深处，目前已发现此洞有7层，层层相连，洞洞相通。其规模与景观大于桂林的芦笛岩与七星岩，洞内钟乳石千姿百态，美不胜收，为北国极为罕见的地下溶洞奇观。

石花洞位于北京房山区南车营村，距北京城区50千米，距房山15千米，因洞体深奥神秘故又称潜真洞；又因洞内生有绚丽多姿奇妙异常的各种各样石花又叫石花洞。

石花洞洞体分为上下7层，目前仅对外开放1—4层，全长2 500米。

石花洞

现在第一、二、三、四层已全部对外开放。洞内的自然景观玲珑剔透、华彩多姿、类型繁多，有滴水、流水等，地质奇观不胜枚举。第四层洞壁被钟乳石类封闭，第五层厅堂高大、洞壁松软，并且空气新鲜，第七层则是一条地下暗河。

研究古地质环境的重要信息库

石花洞现已形成20大景区、150多个主要景观，各个景区遥相呼应，互为映衬。“瑶池石莲”已有32 000余年的历史；“龙宫竖琴”堪称国内洞穴第一幔；“银旗幔卷”、“洞天三柱”等12大洞穴奇观无不令人赞叹叫绝。

石花洞内有因停滞水沉积而成的高大洁白的石笋、石竹、石钟乳、石幔、石瀑布、边槽、石坝、石梯田等和渗透水、飞溅水、毛细水沉积形成的众多石花，石枝、卷曲石、晶花、石毛、石菊、石珍珠、石葡萄等。

石花洞内奇异的钟乳石

还有许多自然形成的造型，如海龟护宝等。并有晶莹的鹅管、珍珠宝塔、采光壁等，众多的五彩石旗和美丽的石盾为中国洞穴沉积物的典型，大量月奶石莲花在我国洞穴中首次发现。

岩溶洞穴资源以独特的典型性、多样性、自然性、完整性和稀有性享誉国内外。

丰富的地质资源，显示了石花洞在地质科学研究、地质科普教学和旅游观赏中的价值。

石花洞中洞穴沉积物记录了地球的演化历程和沉积环境的变化，是一处研究古地质环境变化的重要信息库。石花洞石笋见证北京近2 650年夏季气候变迁。国际地质科学联合会国际行星地球年项目负责人沙克尔考察后评价道；“参观中国第一地质公园石花洞其乐无穷，石花洞是人们进行地学教育的良好范例”。

梦幻般的美丽景色

地壳运动的神奇之处

大约在四亿年前，北京地区曾是一片汪洋大海，海底沉积了大量的碳酸盐类物质。由于地壳运动，几经沧桑变迁，海底抬升为陆地。大约在7 000万年前，华北发生了造山运动，北京西山就此形成。而后碳酸盐逐渐被溶蚀成许多岩溶洞穴，石花洞就是其中之一。

石花洞发育的地质年代是奥陶系马家沟组石灰岩中，随着地壳运动的多次抬升与相对稳定之过程，使之发育为多层多支溶洞。

公元1446年，明朝正统十一年四月，圆广和尚云游时发现，命名“潜真洞”，并在洞口对面的石崖上镌刻“地藏十王”像。明景泰七年(1456年)，圆广和尚又命石匠雕刻十王教主“地藏王菩萨”佛像，安座第一洞室，则又称为“十佛洞”(石佛洞)。因洞内石花集锦，千姿百态,玲珑剔透，在石花洞开发期间被北京市政府定名为“北京石花洞”。

消失的“钱库”传说

相传京西南大房山麓连绵逶迤，不但山势俊美，奇峰险隘，而且地下埋藏着十分丰富的地下宝藏。至今在当地还流传着“钱库、钱库，大房山麓”的说法。可这偌大个钱库又在哪儿呢？据民间传说在南车营。

记得在久远的年代里，由于南车营一带是一些光秃秃的石山，山上因没有土，种树不活，连草木都不长，更别说种庄稼什么的了。但几代人开垦出来的家园，即使再穷，也不愿离开，因为故土难离啊！为此，乡亲们聚到一块，研究村子的出路研究村民的生计如何能维持？但想了几天几夜，熬干了几盏灯油，办法还是没有想出来。

最后有人提议，干脆弃家出走，到一个好的地方，能生存的地方去开辟新的居住地。但大多数人不同意。原因是祖先既然选择这里为祖居地必然有他们的用意，或者是先辈的某些意图咱们还没能完全去理解，因此才会出现如今束手无策的局面。

也有人说，或许是这穷山沟里埋藏着什么宝贝，至今我们还没发现？他这想法一出口，大家都响应起来，异口同声地说："是这么个理儿，要不然这里山区有'钱库、钱库，大房山麓'的说法"。又有人提议："咱们从现在开始，干脆找吧！谁找到了谁就作我们村的头领，宝贝找见之日，便是全村人的发达之时。"

石花

于是全村人找宝开始了，从东山翻到西山，从北坡找到南坡，跑遍了大小花岭，寻觅过大桃沟、黄崖沟，凡属于村子的地面，几乎用梳头的梳子篦了一遍，结果还是没有找到什么线索。等到晚上大伙儿走到一块时，左等右等只有一个村民还没露面。于是大家把希望几乎全都寄托在他身上了。

说来也巧，这位村民还真的找了些线索。他从早上天刚蒙蒙亮就开始顺着村口北坡根去找，认认真真，仔仔细细，不错过每一个细小的山缝，不丢下每一处可疑的地点，整整找了一天，连口饭都没吃，水都没喝，快到天黑才找到北坡根（现在的石花洞处），老远就听见吧嗒一声，似有啥东西从高处落向低处。他支楞着耳朵细听，过了一袋烟的功夫，又听吧嗒一声。他感到奇怪，赶忙向坡半腰寻去，忽然又一声吧嗒，他睁大了双眼向前望着，经看见一条细细的石缝，响声是从那儿传来的。

他赶紧跑向前，这时又一枚薄片似的东西掉下来，发出悦耳的声响，走近一看，见石缝开在一大块光溜溜的岩石下部，从石缝漏下的竟是他想不到的铜钱，他数着漏出的铜钱，整整十枚。他把这些钱装在口袋里，看清了漏钱的方位，手舞足蹈的欢跑着去向村中大伙报讯。

刚一进村口他就大声嚷着，喊着："找到了，找到了，我找到钱库了……"声音转瞬就在村中传开了，很快聚在一起的村民们便得知了这条消息，大家抱在一起欢呼，有的老人竟流动得淌出了热泪。"这回我们可有救了，这回我们再也不用搬家了，这回我们……"

一阵激动的欢呼后，发现钱库的这位村民，领头带着大伙直奔钱库发现处，乡亲们高举着火把，把山路照得通亮。待到了那里，光溜溜的石板处没有任何缝隙，更别说掉钱了。他急了，乡亲们急了，大家便在这里又找了起来，从晚上找到早晨，从早晨找到晚上，整整找了三天三夜，这里的岩石土地几乎都被翻了个遍儿，可钱库仍没找到。只是在第三天夜里月圆时分，从溜溜的大石板中传来嗡嗡的声音，"别找了，别找了，我的钱库堵上了。不漏了，不响了，财富藏在乡亲们的心房了。"

孰不知又过了多少年代，沧桑变迁使乡亲们的愿望终于实现了，他们以自己的诚实和执着感动了神仙，把瑰丽的石花宝洞献给了村民们，找到了村民心中的"钱库"。

"中国最佳溶洞奇观"

经中外洞穴专家考查，认为石花洞内的岩溶沉积物数量为中国之最，其美学价值和科研价值可居世界洞穴前列，与闻名中外的桂林芦笛岩、福建玉华洞、杭州瑶琳洞并称我国四大岩溶洞穴。2005年9月18日，石花洞获得"中国最佳溶洞奇观"称号。

溶洞

溶洞的形成是石灰岩地区地下水长期溶蚀的结果，石灰岩里不溶性的碳酸钙受水和二氧化碳的作用能转化为微溶性的碳酸氢钙。由于石灰岩层各部分含石灰质多少不同，被侵蚀的程度不同，逐渐被溶解分割成互不相依、千姿百态、陡峭秀丽的山峰和奇异景观的溶洞。

张家界九天洞（中国）
——亚洲第一大洞

中华人民共和国国旗

1．因9个自然天窗而得名
2．九天洞之奇
3．上世纪80年代被探险者发现
4．地下森林奇观
5．“水晶山”

因9个自然天窗而得名

九天洞位于湖南张家界市桑植县城17千米的利福塔乡，距市区70千米，距武陵源62千米，因洞内有9个自然天窗九天洞而得名，总面积250公顷，是中国目前发现的溶洞之最，比号称世界第一的利川溶洞大3倍。

九天洞内空气清新，冬暖夏凉。整座洞穴分上、中、下三层，有五层不同高度的螺旋式观景台，最下层低于地表面400多米。经初步探明洞内有40个大厅、3条落差悬殊的阴河、12条瀑布、5座自生桥、10余座洞中山。此外，还有不可胜数

九天洞

的五光十色的钟乳石群。在众多迷人的景观中尤以九星山、玉宫、水晶宫、九天玄女宫、寿星宫五大奇观最为著名。

九天洞之奇

九天洞总面积250多万平方米，折合4万多亩。据《环球天然奇观》一书介绍，南斯拉夫的波斯托伊纳大岩洞与美国的巴哈马大蓝洞，都称为“世界上最大的洞”，还有古巴的贝拉雅马尔大岩洞与我国贵州、湖北神农架一些溶洞，也都被称为“世界或中国最大的溶洞”。可是这些溶洞，同九天洞比较，都会感到逊色不少。

1988年中国科学地质研究所岩溶与地下水研究室主任张寿越教授两次来九天洞考察,他认为该洞是亚洲第一大洞,于是,他给九天洞题词:“滴石铸玄女,暗河镂九天”。

1988年9月下旬，来自美国、英国与比利时的15位洞穴专家对九天洞作深入研究，连续7天7夜住在洞内全面考察。通过考察，他们一致认为九天洞是世界奇迹，不仅具有很高的旅游价值，同时还有很高的科研价值。

奇，常常是与怪连在一起的，可以说有奇必有怪，无怪没有奇。九天洞之奇，天下少有。洞穴中可

九天洞里奇石林立

看到天星山上的“石森林”、石龙井与石盘龙；在洞穴深处有一窝一窝的石蛋，并识破了这石蛋就是洞内一宝，它可以提取金刚石，比黄金还要珍贵；在洞穴内还发现了犀牛骨骼化石；还在洞穴内发现了有900平方米的大舞厅，厅北有音乐柱，敲击有声，悦耳动听；厅南有雕花石柱，厅西又有涓涓流水，厅

面呈黄色,厅上为地毯,可尽情狂欢。

在洞内看到鱼与无眼蟋蟀，真是见所未见，闻所未闻！见到了石钟乳的各式各样的造型，简直是一座雕塑博物馆。如：有的像石柱，有的如石笋；有的如室，有的如厅；有的如殿堂，有的如宫廷；有的如龙如虎，有的如鸦如鹰；有的如神女，有的如将军；有的像宝塔，有的像长亭；有的如烛，有的如灯；有的如玉，有的如金；有的如老树盘根错节，有的又如古藤缠绕互生；有的如瀑布一泻千里，有的如流水日夜奔腾。特别是在洞内还看到了高达20多米的流泉飞瀑，犹如白色巨龙飞腾而下，非常壮观。

九天洞美，美在自然，美在古朴，美在地下溶洞各种自然造型，美在各种色彩，美在世界珍稀。简言之，九天洞胜状，主要是洞穴美与色彩美，一句话，是自然美。当探洞人王海然第一个在九天洞发现那些五光十色、造型各异、神奇乖巧的溶洞自然物时，他感到兴奋，感到惊讶，感到鼓舞，感到自豪并且被这些美丽的自然物陶醉了，以至于废寝忘食。当你置身九天洞，你可以仔细欣赏那洞底暗河的流水，那红色的河床、它们是那样哗哗的流，水声又是那样的美。那淡红、朱红和鲜红的河床、河水，有如铺彩烁金，色彩斑斓，五光十色，真叫人眼花缭乱，目不暇接，越看越神，越看越迷，看的如痴如醉。

进入九天洞如同到了一个宁静的世界，在洞内让人有挣脱樊篱、还我自然之感。

我们在洞内看到的各式各样的自然造型，它们是那样古朴，那样自然，那样错落有致，毫无人工雕凿与粉饰的痕迹。我们在洞内听到的是潺潺的流水声与飞燕的扑翅声，当然还有蝙蝠、巨鼠的嚯嚯声。除此外，洞内还有许多南来北

大自然的的鬼斧神功

往的通幽曲径：有的去舞厅，有的进城门，有的下暗河，有的上天窗。

上世纪80年代被探险者发现

九天洞是1987年山溶洞探险勇士王海然发现，1988年正式对游人开放，被列为省级风景名胜区，同年，经国际溶洞组织专家考察论证，认为九天洞规模庞大，景观独特，还有一批溶洞群没有开发，适合开展探险考察，因而正式接纳九天洞作为国际溶洞组织成员，同时确定九天洞为国际溶洞探险基地，九天洞从此进入国际溶洞世界，身价倍增。

经考察，发现洞内有古树化石和其它溶洞极少见的岩溶物质，不仅是难得的自然景观，而且有极高的科研价值。目前已经探明可供游览的面积有250公顷，洞口南侧2.5千米处，有集自然风光和浓郁民族风情于一体的风峦溪天然森林公园与之相依相衬；洞口东南向2千米处，澧水像条银色飘带，蜿蜒流过。

地下森林奇观

溶洞里面的景观主要是由石笋、石钟乳和石柱构成的，从下面长上去的形状就是石笋，其中特别粗大的叫石柱，而从洞上方往下悬挂的就是石钟乳(又叫钟乳石)，其中顺壁而下的较宽的叫石幔。

右边有一根形状奇特的石笋，整体看起来，它就特别像北京天安门前的华表，华表是我们中华民族的象征，在古代有种讲法：是说希望皇帝出征以后能够胜利归来。

在左边观景台上，可看到九天洞“三大奇观之二——地下森林奇观”，我们也称为地下小张家界，下面是石柱林立，形态万千，这里石柱也非常雄伟，壮观。仿若从天子山下看西海峰林的感觉，棒极了。

“水晶山”

九天洞中还有一座“水晶山”，科学名称称它为“底流石”，那么它的形成年龄为15万年，因为洞顶是一座高山，其地表水汇集成溪沿着洞顶的缝隙渗漏下来，在水冲的过程中，方解石和次生碳酸钙的沉淀而形成，那么一下大雨以后，就有水这样流下来，形成瀑布，我们把这个地下又称为“石瀑布群”，上面覆有一层金光闪闪的东西，根据科学鉴定这是含某种磷元素的方解石结晶体。

看起来闪闪发光，它的特点就是冬天洞里干燥，它就特别亮，夏天洞里潮湿它就特别黯淡，如有水这样流下来时，就看不到了。

张家界市所在地，原名大庸。1988年5月18日，国家批准建立了地级大庸市；因“大庸”之名远不及境内所辖中国第一个国家森林公园张家界的知名度高，于是在1999年4月4日，国务院批准大庸市更名为张家界市。

市府设永定区，距省会长沙390千米，距长江三峡300千米。张家界，

九天洞内的奇异世界

相传汉代留侯张良墓葬于此而得名。本世纪50年代，当地政府在张家界建国营林场。70年代末，张家界罕见的石英砂岩峰林奇观被世人发现，得以开发。1982年9月25日，国家计委行文，将林场所属范围定名为“张家界森林公园”。至此，张家界成为中国第一个国家森林公园。

迷你知识卡

石笋

指在溶洞中直立在洞底的尖锥体。饱含着碳酸钙的水通过洞顶的裂隙或从钟乳石上滴至洞底。一方面由于水分蒸发，另一方面由于在洞穴里有时温度较高，水溶解CO_2的量减小，所以，钙质析出，沉积在洞底。日积月累就会自下向上生长的是石笋，从上往下生长的是石钟乳。

莫鲁山国家公园岩洞（马来西亚）——世界最大的岩洞穴

马来西亚国旗

1. 马来西亚六大国家公园之一
2. 岩洞里有大量的野生物种
3. 允许在洞中狩猎的土著民族
4. 岩洞可装载40架波音747大型客机
5. 最复杂的喀斯特地貌

喀斯特地貌

马来西亚六大国家公园之一

莫鲁山国家公园是马来西亚六大国家公园之一，位于沙捞越州北部的婆罗洲第四省和第五省，靠近文莱边境，面积约5.3公顷，和梅搭拉穆保护林（12 500公顷）相接。莫鲁山国家公园最早命名于1974年10月，于1985年对公众开放。

莫鲁山国家公园地处婆罗洲倾斜地带，地形复杂多变，包含了所有主要的岩石类型，每年12月到3月间受东北季风的影响，3月到10月受西南季风的影响。

这里年平均降雨量很大，尽管降雨量有明显的季节性差异，但是这一地区全年没有明显的干季。莫鲁山国家公园举世无双的热带岩洞、

莫鲁山国家公园

独特的喀斯特地貌现象和生态系统保存完好几乎没有遭到破坏，显得尤为珍贵，对于湿热带地区生态系统的进化进程的基础研究很有帮助。

从生态学、地质学的角度讲，莫鲁山国家公园具有很高的研究价值。这里的动植物物种丰富，而且具有很强的地区特征。

岩洞里有大量的野生物种

莫鲁山国家公园位于婆罗洲岛，是世界上最复杂的热带喀斯特地区。这里不仅生物物种丰富多样，而且喀斯特现象别具一格。在52 864公顷的公园中有17个植物带，约3 500多种植物。

这里的棕榈植物极为丰富，有20多个属类的109种植物。公园中最高的山是莫鲁山——海拔2 377米的喀斯特尖峰，山上有世界上最大的石灰岩溶洞群。现已探明的洞穴至少有298千米长，在各个洞中发现了大量的生物，包括数以百万只的燕子和蝙蝠。

沙捞越洞穴，长600米，宽415米，高80米，是世界上已知的最大的岩洞穴。这里不仅生物物种丰富多样，而且喀斯特现象独具一格。

沙捞越洞穴，长600米，宽415米，高80米，是世界上已知的最大的岩洞穴。

允许在洞中狩猎的土著民族

加央族和肯雅族这两个当地土著民族居住在离公园边界不远的地

莫鲁山国家公园岩洞

方，他们都享有在公园狩猎区打猎的优先权。

沙捞越博物馆收藏的从风洞中出土的文物显示了3 000到500年前的人类痕迹。据考证，风洞曾经是古代人类的墓葬遗址。加央族人分成不同部落群体，在沿河两岸建起高脚长屋，过着是半定居的与世无争的生活。

加央族被称为“丛林中的艺术家”，他们身材中等，由于经常在河流急滩活动，所以肩膀和手臂的肌肉非常发达，而加央妇女的体格较为娇小，他们都有着淡褐色的肌肤。

基本上加央人个性保守沉默，对于未来的事情和生计他们都很重视，而且一旦肯定决定后，他们就会全力以赴；他们经常都避免介入纠纷，但一经介入，就会坚决地斗争到底，绝不放弃。

他们也是雕刻巴冷刀刀柄的能手，他们用鹿角，骨头、犀鸟冠，雕制精致完美、具有艺术收藏价值的高水准刀柄。

加央族还有一项精巧的手艺，那就是制造打猎用的“吹筒”；吹筒是用一根约八尺长、木纹很直的圆木杆，用手工从中钻穿一个笔直的圆洞，前头装上铁制利茅，竹制的吹箭竹尖沾上毒汁，尾端置以轻木塞，在打猎时远可喷射猎物，近又可作长茅使用。

岩洞内的钟乳石

岩洞可装载40架波音747大型客机

沙捞越位于马来西亚东部，是

婆罗洲岛西北部的一个州，习惯上称为东马来西亚，沙捞越东面和南面与印尼和文莱接壤，西北面为南中国海。人口220万，27个民族，文化具有多样性，在中心城市古晋、美里等地为华人集聚地。

该地位于赤道区域，气候炎热，热带动植物繁多，其中70%面积为热带雨林覆盖，具有独特的经济和旅游资源。货币：马来西亚币。可在银行、饭店、外币兑换中心换到，1马元相当于2.2元人民币左右。有人形容沙捞越是热带雨林的样板，确实，在这里你完全感受不到季节的变换，充分享受你的夏季。

从飞机上看沙捞越，在浓密的森林中穿行的绿色河流把森林切成若干小块，仿佛一块块美玉，沙捞越的10个世界级的森林公园可以提供全面的野外活动，在这里，你可以更自由地呼吸自然的气息。

沙捞越全年都是夏天，年平均气温在23℃～32℃之间，全年都适合旅游，但最佳的旅行时间是4月至7月。每年的11月至翌年2月是沙捞越的风季，这期间会经常下雨，不喜欢下雨天的朋友可以避开此时去沙捞越旅游。

沙捞越大部地区地势平缓，为热带雨林覆盖的山体多为石灰岩，因此溶洞发育得非常好，形成别有特色的生态旅游资源，最被称道的是热带雨林观光度假，丛林溶洞探险等。

在沙捞越东部的姆碌有迄今已发现的世界上最大的溶洞，这个溶洞巨无霸可以装载40架波音747大型客机，姆碌的溶洞群因此被列入了世界自然遗产目录。

另一方面，沙捞越的休闲度假产品也以生态旅游特征显著而吸引

岩洞内岩石的纹理

各国游客，在此地游览十分悠闲，大部分景观均与热带雨林有关，如树上的度假屋，到热带雨林观赏动、植物，参观热带雨林中的土著居民及民居等。

最复杂的喀斯特地貌

喀斯特地貌是具有溶蚀力的水对可溶性岩石进行溶蚀等作用所形成的地表和地下形态的总称，又称岩溶地貌。除溶蚀作用以外，还包括流水的冲蚀、潜蚀，以及坍陷等机械侵蚀过程。

喀斯特一词源自前南斯拉夫西北部伊斯特拉半岛碳酸盐岩高原的名称，当地称为Kras，意为岩石裸露的地方，“喀斯特地貌”因近代喀斯特研究发现于该地而得名。它以溶蚀作用为主，还包括流水的冲蚀、潜蚀，以及坍陷等机械侵蚀过程。这种作用及其产生的现象统称为喀斯特。喀斯特地貌多分布在世界各地的可溶性岩石地区。

喀斯特地貌形成是石灰岩地区地下水长期溶蚀的结果。石灰岩的主要成分是碳酸钙，在有水和二氧化碳时发生化学反应生成碳酸氢钙，后者可溶于水，于是空洞形成并逐步扩大。这种现象在南欧亚德利亚海岸的喀斯特高原上最为典型，所以常把石灰岩地区的这种地形笼统地称之为喀斯特地貌。

由于岩石具有一定的孔隙和裂隙，它们是流动水下渗的主要渠道，岩石裂隙越大，岩石的透水性越强，岩溶作用越显著。

在溶洞中，岩溶作用愈强烈，溶洞越大，地下管道越多，喀斯特地貌发育越完整，并且形成一个不断扩大的循环网。莫鲁山国家公园岩洞群正是这种地貌的典型代表，千奇百怪，绝美异常。

遗址

从历史、审美、人种学或人类学角度看具有突出的普遍价值的人类工程或自然与人联合工程以及考古地址等地方。遗址是指人类活动的遗迹，属于考古学概念。遗址的特点表现为不完整的残存物，具有一定的区域范围，很多史前遗址、远古遗址多深埋地表以下。

安顺龙宫（中国）——贵州一张亮丽的名片

中华人民共和国国旗

1．因洞内有石似虎而得名
2．神奇的“礼貌石”
3．充满高原情调的“世外桃园”
4．中国唯美水溶洞
5．大西南的后花园

因洞内有石似虎而得名

在贵州省安顺市南马头乡龙潭村。是北盘江支流王二河上游的溶洞暗河。洞内瑰丽堂皇，犹如水晶宫殿，故而得名。水口是一个天池，面积约10000平方米。暗河总长3 000米，需乘小船进入。有8个景区，洞内分布各种形状的钟乳石。天池水流出口处形成龙门瀑布，泻入卧龙池，十分壮观，为全国重点风景名胜区。

安顺龙宫

中心景区有龙宫、虎穴、天池、瀑布。虎穴是无水溶洞，因洞内有石似虎而得名。洞中有800米河道，四壁满挂的石钟、石乳、石笋，千奇百怪，船行洞中，彩灯闪烁，如入仙景。洞外水连天池，池面广10余亩，30米深，池周围悬崖陡峭，古树林立，景色幽深。

天池下联穿洞，水从天池20米宽的缺口飞泻直下50米，形成独特的地下瀑布，涛声与穹窿共鸣，惊心动魄。龙宫石门刻联赞美这里的风光：“吞石为洞，吐石为花，神宫赖水造；聚水成渊，覆水为瀑，胜景依石生。”水与石如此神奇的组合，令游客叹为观止。

神奇的“礼貌石”

龙宫由暗河连接五组溶洞组成，俗称“五进龙宫”。一进龙宫由宫门到蚌壳岩；二进龙宫由蚌壳岩到花鱼塘；三进龙宫由花岩鱼到青鱼洞；四进龙宫由青鱼洞到枫树洞；五进龙宫由旋塘经观音洞到小菜花湖。

暗河水最深处28米，最宽处30多米，最窄处只能容一小船出入。洞内瀑布更令人叫绝，天池水沿龙门倾泻而下，形成落差34米，秒流量50立方米的“龙门飞瀑”，飞流汹涌，声震山谷，如此壮观的洞内瀑布国内绝无仅有。

此外，龙宫天然辐射率为全国最低点，游客在饱览奇山异水的同时，还可以尽情享受低辐射对人体健康之益。

中心景区龙宫，一条长达5 000米的暗河穿过20余座山头，千姿百态的钟乳石令人目不暇接，清澈碧绿，幽深宁静的暗河沁人肺腑，泛舟其中，倍感神奇舒畅。龙宫入口处，一泓碧潭，称之“天池”，潭水沉碧如玉，水面宽阔，三面悬崖峭壁，青藤倒挂，古木森森。

龙宫出口处为断层岩壁，高80余米，倾斜成弧状，如一只巨大蚌壳半覆洞口，群燕营巢于其上，数千只燕子飞旋于崖壁之间，景象壮观。

龙宫以水溶洞最长，洞中瀑布最大，天然辐射率最低之全国“三

安顺龙宫钟乳石群

最”著称于世。一进龙宫：全长840米，共有5个厅。迎面而至的是龙宫第一厅，叫群龙迎宾厅，这一个俯近水面齿牙交错的龙头。龙宫的第二厅，好似一张巨大的壁画，所以叫浮雕壁画厅。

在“礼貌石”前，要低头进入的龙宫第三厅，叫五龙护宝厅。抬头仰望，那里倒悬着的就像5条巨龙，他们共同护卫着那颗巨大的镇宫宝石。龙宫空阔的第四厅，传说中的孙悟空大闹水晶宫就在这里。

这座大厅面积4 000多平方米，水深26米，恢弘的空间回音效果特别好，被誉为天然的“卡拉OK”厅，游客到此，都禁不住会一展歌喉。龙宫第五厅——高峡幽谷厅，两岸峻高百米，水深20米。二进龙宫：二进龙宫全长400米，共分为4个大厅。洞内景观粗旷，钟乳怪诞，如刀劈似斧削，潭深水幽，曲折神秘，船行其中恍如“时光隧道 ”，妙趣横生。

充满高原情调的“世外桃园”

天池深28米、宽1万余平方米，是一进龙宫的入口，天池的生态十分幽美，奇枝倒悬，古木林立，藤蔓如织，其中尤以叶上花、岩上树最为稀奇。

在以天池为中心，方园100米的范围内就有“中华之最”的景观三处，左面是中国最大的岩洞穴瀑布，正面有中国天然辐射剂量率最低的地方和中国最长的水溶洞游览道。

毗邻的漩塘景区，龙宫上游5千米的漩塘景区，山野、村舍、田园、河流、原始的野趣，构成了充满高原情调的“世外桃园”。

漩塘是一个1万平米的园形大水塘，水流按顺时针方向旋转，永无休止，为蜗壳旋转河流，奇绝妙绝。漩塘观音洞，佛堂面积4 000余平米，8.6米高的释迦牟尼，12.6米高的观音菩萨等石像，堪为“西南佛地洞天之最”。香烟缭绕，罄声清幽，为朝圣之胜地。

洞外崖壁上有赵朴初亲题“观音洞”摩崖，每字4米见方。此外，漩塘有数条短河，其中一条仅200米的河流，为中国最短河流。从山里来，到山里去，成为龙宫暗湖源头。河岸翠竹成荫，幽静雅致。漩塘景区内漩流之奇、河流之短、洞中佛堂之大，世间罕见，人称“三绝”。

中国唯美水溶洞

安顺龙宫的特色有四个：一是被游客誉称为“中国唯美水溶洞”的地下暗河溶洞。龙宫水溶洞长达15千米，为国内之冠。目前景区对外开放了两段，长1 260米，洞内钟乳千姿百态，与北方溶洞相比更显细致与精巧，与南方溶洞相比更显神秘与奇特，其洞厅构造宛如神话中的龙王宫殿。

“地下漓江、天上石林”的溶洞风景价值，是目前国内已发现的其他同类型景区中无以比拟的，大诗人艾青称“大自然的大奇迹”，国画大师刘海粟誉“天下奇观”，中国溶洞专家感叹“览龙宫知天下水洞，荡轻舟临人间仙境”。“山不在高，有仙则名，水不在深，有龙则灵”，龙宫就是这样的人间天堂。二是拥有全国最大的洞中寺院——龙宫观音洞。

观音洞，总体面积达2万多平方米，最大的特点就是所有的殿堂都是天然溶洞。人工雕刻佛像32尊，其中观音像高达 12.6米，主殿上有一天然神似观音的钟乳石，天然和

人造的佛像浑然一体。

天下名山僧占多，而天然溶洞寺院实属罕见，其规模居全国之首。三是是国最大的洞中瀑布——龙宫龙门飞瀑。龙门飞瀑，高50余米，宽26米，流水以喷泻之势钻山劈石，气势磅礴，万马奔腾，十分壮丽。

而它下一个发威的地方，就是30千米外名播天下的黄果树大瀑布。四是山不转水转的漩水奇观——龙宫漩塘。一个面积达万余平方米的圆塘，池水不借风力，日日夜夜、年年岁岁永不停歇地沿着顺时针方向旋转着。

大西南的后花园

安顺龙宫是全世界天然辐射剂量率最低的地方，到龙宫旅游，能有效地避开大量的辐射，长久居住对人体有奇特的疗效功能；在龙宫呼吸富含大量负氧离子的空气，仿佛徜徉在覆盖率高达90%的森林中，宜人心脾。

龙宫冬无严寒、夏无酷暑，在夏季极少超过30℃，加之昼夜温差大，白天尽管烈日高照，傍晚依然凉爽宜人。

在龙宫，可以不需要空调，可以不需要防晒霜，可以不用戴口罩，是游客洗肺养生的好地方，是中国大西南的后花园，是中国人民的避暑胜地。

龙宫神奇秀丽的景观、丰富的自然资源，极佳的生态环境，使之有着“世外桃源，梦幻龙宫”，“绿色龙宫”、“金色龙宫”、“生态龙宫”、“健康龙宫”的美誉，是贵州旅游一张亮丽的名片。

释迦牟尼佛

即如来佛祖，约前624—前544，一说前564—前484,原名悉达多·乔达摩，意为“一切义成就者”，佛教创始人。成佛后被称为释迦牟尼，尊称为佛陀，意思是大彻大悟的人。民间信徒称呼他为佛祖。本是古印度迦毗罗卫国（今尼泊尔境内）的太子，是释迦族人，属刹帝利种姓。父为净饭王，母为摩耶夫人。

腾龙洞（中国）
——中国最美的地方

中华人民共和国国旗

1. 水旱两洞仅一壁之隔
2. 中国旅游洞穴的极品
3. 雄、险、奇、幽、秀于一炉
4. 腾龙洞神秘的面纱
5. 当地特色美食

水旱两洞仅一壁之隔

腾龙洞风景名胜区，距湖北省利川市城6千米，景区总面积69平方千米，集山、水、洞、林于一体，以雄、险、奇、幽、秀而驰名中外。

该洞洞口高74米，宽64米，洞内最高处235米，初步探明洞穴总长度52.8千米，其中水洞伏流16.8千米，洞穴面积200多万平方米。洞中有5座山峰，10个大厅，地下瀑布10余处，洞中有山，山中有洞，水洞旱洞相连，主洞支洞互通，无毒气，无蛇蝎，无污染，洞内终年恒温14—18℃，空气流畅，是中国目前最大的溶洞之一，世界特级洞穴之一。

水洞则吸尽了清江水，更形成了23米高的瀑布，清江水至此变成长16.8千米的地下暗流。神奇的是，水旱两洞仅一壁之隔，在2008年的地震中，遭到不同程度的损坏，正在修复中。

中国旅游洞穴的极品

腾龙洞入口

洞中景观千姿百态，神秘莫测。洞外风光秀丽，景色迷人，水洞口的卧龙吞江瀑布落差20余米。

曾有多位名人在此题词。王任重题写了

洞内景观绮丽

"腾龙洞"洞名；原湖北省委书记关广富为水洞挥笔题词："卧龙吞江，天下奇观"；原全国作家协会副主席冯牧挥毫泼墨"登山当攀珠峰，揽胜应探腾龙"。

1988年，经25名中外洞穴专家历时32天实地考察论证：腾龙洞属中国目前最大的溶洞，世界特级洞穴之一。1989年，湖北省人民政府审定为省级风景名胜区，1999年被命名为全省爱国主义教育基地，2005年被国家级权威刊物《中国国家地理》评为"中国最美的地方"、"中国最美六大旅游洞穴——震撼腾龙洞"。腾龙洞以独特的自然景观和宜人的气候环境，被公认为旅游、疗养、探险、地质考察的首选去处。

腾龙洞景区由水洞、旱洞、鲤鱼洞、凉风洞、独家寨及三个龙门、化仙坑等景区组成，整个洞穴系统十分庞大复杂，容积总量居世界第一，是中国旅游洞穴的极品。2005年10月被《中国国家地理》杂志评为"中国最美的地方"。

腾龙洞目前洞内已建成全国最大的原生态洞穴剧场，每天都以一场高水准的大型土家族情景歌舞《夷水丽川》，让游客感受土家民族的动人传说。和现代高科技相结合，推出了全国最大的洞中梦幻激光秀，让游客置身于变幻莫测、空旷神秘的梦幻世界。

雄、险、奇、幽、秀于一炉

腾龙洞洞穴公园总面积69平方千米，其西南起于腾龙洞洞口，与明岩峡峡谷景区相连；西北抵于黑洞洞口，与雪照河峡谷景区相通，总体上呈由西南向东北方向展布，是一个沿清江河谷延伸的狭长景区。

区内海拔均在1 000米以上。现已开发的主要景区有二：一为腾龙洞旱洞景区；一为落水洞水洞景区。二景区距利川市城约6.8千米，集山、水、洞、林、石、峡于一体，溶雄、险、奇、幽、秀于一炉，声誉远播，遐迩闻名。

腾龙洞由水洞、旱洞、鲇鱼洞、凉风洞、独家寨及三个龙门、化仙坑等景区组成。该洞以其雄、险、奇、幽、绝的独特魅力驰名中外。

洞内终年恒温14～18℃，空气流畅。洞中景观千姿百态，神秘莫测。洞外风光山清水秀，水洞口的卧龙吞江瀑布落差20余米，吼声如雷，气势磅礴。

腾龙洞整个洞穴群共有上下五层，其中大小支洞300余个，洞中有山，山中有洞，无山不洞，无洞不奇，洞中有水，水洞相连，构成了一个庞大而雄奇的洞穴景观。

洞内高山高达125米，洞穴最高处237米，最宽处174米。洞中共有150

腾龙洞内奇石耸立

余个洞厅，象形石140余种。

腾龙洞神秘的面纱

腾龙洞古名干洞、硝洞。清光绪《利川县志》记载：“干洞有硝。光绪十年（1884年），有采硝者10余人，秉烛而入数十里，惧而返。洞中情况除从洞口至圆堂关，古代硝客稍有了解外，千万年来，腾龙洞传说百出，一直是一个巨大而神秘的庞然大物。早在1985年，华中理工大学古建系教授张良皋那篇《利川落水洞应该夺得世界名次》的文章发表后，一石击起千层浪，很快便在利川掀起了一个探测腾龙洞的热潮。从1985年6月至1986年10月，经过艰难的探测，逐步揭开了腾龙洞神秘的面纱。

水月洞天

经过测量并与中国及世界其他地区大洞穴的数据比较发现，湖北利川腾龙洞洞口至4 000米洞道的面积23万平方米，容积1 575万立方米，是目前发现并有相应数据公布的洞穴中，单位面积或者单位长度内世界上最大的洞穴通道。

探测结果表明腾龙洞总长度达到59.8千米，比1988年测得的52.8千米延长了7千米，经初步计算，腾龙洞洞穴容积接近4 000万立方米。

科考队在寻找腾龙洞周围新洞穴资源以及洞内的支洞时，新发现了大量的溶洞群，有腾龙洞南边的天窗洞、刘家洞和古河床的竖井洞穴和龙骨洞地下河，均是极具探险旅游价值的景区。

科考队首次在腾龙洞支洞发现了第四纪中更新世的哺乳动物群化石。经中国科学院古脊椎动物及古

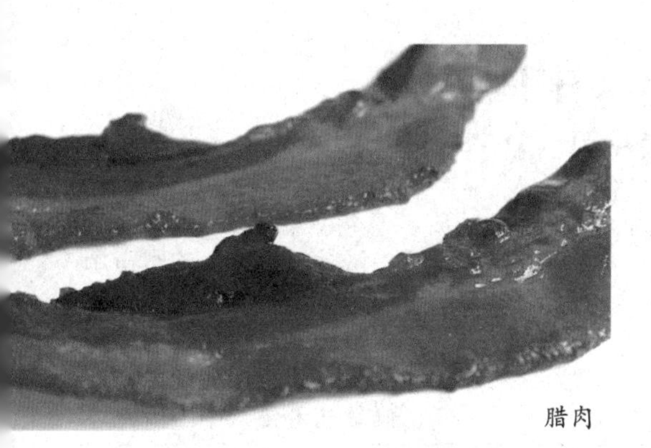
腊肉

人类研究所黄万波教授鉴定，主要化石物种为大熊猫、东方剑齿象、苏门羚，另外还有熊科、鹿科、牛科等动物化石，初步研究确定其地质年代至少在20万年前。

中外腾龙洞联合科考探险队由中国地质大学(武汉)、中国地质科学院岩溶地质研究所与欧洲洞穴基金会28位专家组成，其中包含来自英国、爱尔兰、澳大利亚、匈牙利等国的18名专家，科考时间历时20天。

当地特色美食

腊肉是利川当地的特色之一，你可以在小摊或者小饭馆里品尝到。当顾客挑选好腊肉后，店主或摊主就先把客人挑的肉放到煤炉上去烧，直烧的滋滋流油，然后扔到放了碱的开水里去泡着，再拿清洁球在肉的表面拼命擦，不一会儿，一块皮黄肉鲜的腊肉就完工了。

合渣其实就是一个小火锅，里面放些豆渣、花生渣、肉末等底料，再加上猪肉、牛肉或者羊肉等原料以构成各种口味，一般每人花费7、8元就可以吃到一个合渣了，无论一锅有几人吃，都按照人头收费。

在吃合渣的同时还会配有几小碟凉菜，比如花生米、凉菜、豆干等，这些凉菜也都是随合渣一起奉送的。

苏马荡野菜和烤全羊在利川市谋道镇苏马荡风景区有10多道野菜和烤全羊，还有烤鸡，在利川饮食中最有特色！

化石

是存留在岩石中的古生物遗体或遗迹，最常见的是骸骨和贝壳等。研究化石可以了解生物的演化并能帮助确定地层的年代。保存在地壳的岩石中的古动物或古植物的遗体或表明有遗体存在的证据都称为化石。

14 武山水帘洞（中国）——佛教艺术的殿堂

中华人民共和国国旗

1．试斧山峭壁上的水帘洞
2．崖壁上的三尊浮雕
3．水帘洞具有时代性的壁画
4．因《西游记》闻名海外
5．佛教艺术传入中国的踪迹

武山风光

试斧山峭壁上的水帘洞

在甘肃武山县城东北约25千米的钟楼山峡谷内。谷中“群峰叠嶂觅无路，乱石开径别有天。”谷涧溪水潺潺，景色幽静宜人。

石窟亭宇始建于十六国时期的后秦，历代屡有修建。有水帘洞、拉稍寺、千佛洞、显圣池等著名景观，尤以拉稍寺、千佛洞的摩崖题记、雕塑作品、壁画等最为珍贵。该石窟现列为国家级文物保护单位。

水帘洞在形似斧劈的试斧山东侧之峭壁上，是一个约50米长，30米高，20米深的拱形自然洞穴。

每当雨季，洞顶、洞壁泉水、雨水一齐涌出，洞檐流水如注，恰似珠帘掩门，故得名水帘洞。

崖壁上的三尊浮雕

洞内有四圣宫、观音寺、南殿、菩萨殿等多座建筑，各殿、台、亭、阁依自然岩洞有开有合，错落有致，工艺精巧。其中尤以菩萨殿最为高大华丽。

该殿上下两层，下层石壁洞中有一汪清池，清澈见底；上层横匾大书“西山暮雨”四字，内塑当地民间传说中的麻线娘娘；水帘洞的崖面上保存着北魏、隋、唐、元各代的佛教巨幅壁画。

整个洞内楼台、泉石、雕塑、画像交相辉映，大有天然布景之趣。拉稍寺创建于北周，又叫大佛崖，与水帘洞隔山相对，寺内保存了大量北周至元代的石窟艺术作品。

陡峭的崖壁上有浮雕3尊，中间的大佛高达40余米，两旁是手持莲花躬身肃立的胁侍菩萨。佛坐莲台上，莲瓣间层刻有狮、鹿、象，或站或卧，排列对称，雕琢古朴，形象生动，造型艺术水平较高。

周围诸多佛龛上伫立着宋代小佛像。崖面上部向前突出，又加筑风檐以避风雨，檐端雕刻飞云走兽，悬挂铜铃，微风过处，叮铛作响。其造型留有小乘佛教的痕迹，在我国石窟艺术中实属罕见。

从拉稍寺沿沟前行500米处便是千佛洞，因壁画绘千佛而得名。洞内原有7窟，现残存砂崖面雕像和壁画，造像丰满，神态各异。特别是

武山上的佛像

菩萨像丰盈秀美，颇具北周特点，部分造像含有西魏遗风，是研究我国早期石窟艺术的重要资料。

水帘洞具有时代性的壁画

水帘洞石窟始建于1450多年前的十六国后秦时期，经北魏、北周及隋、唐、五代、宋、元、明、清历代增建和重修，形成七寺（显圣寺、拉稍寺、千佛寺、粉团寺、砖瓦寺、硬山寺、观音寺）五台（清净台、莲花台、说法台、钟楼台、鸣古台）之规模，现存水帘洞、拉梢寺、千佛洞、显圣寺四个单元。

拉稍寺气势雄伟、古朴壮观，因有我国和亚洲之最的、高40多米的摩崖高浮雕大佛造像而闻名于世，又称大佛崖。

石壁上的壁画

据传，建寺时自崖脚积木至巅，功毕逐次拆木而下，故名拉梢寺。水帘洞居峡谷南岸，是石窟中心地带，山体像朵含苞初放的莲花，瓣纹清晰可见，每当雨季，瀑布自山巅直泻而下，状若水帘而得名。

洞内寺院殿宇分上中下三台而建，上有菩萨殿、老君阁，中为四圣公的五公菩萨楼，下为圣母殿、三霄殿、药王殿等，其上层楼内塑有大势至菩萨，当地民间有关于麻线娘娘的美丽传说就源于此。

洞东壁遗存136平方米的壁画是北魏开创，经隋、唐、五代、宋、元多次复绘。

正中大佛头顶飞天，手捧供物，临风飞舞，形态奔放，是水帘洞壁画中最具有时代性的早期优秀原作。千佛洞的壁绘崖面500多平方米。

洞内壁画多为吴带当风盛行时期的中唐及五代作品，亦有典型的北周双飞天壁画，因避光作画，至今色泽鲜艳，线条流畅，给人以满壁风动之感。显圣寺为一天然崖窟，现存北周壁画25平方米，窟壁及四周还有打子洞、圣贤壁、马鞍石和仙人张果老毛驴吃草处等民俗景点。

因《西游记》闻名海外

水帘洞，位于江苏省连云港市花果山中，因《西游记》闻名海外。吴承恩就是受了这个水帘洞的启发，在《西游记》中给早期的孙悟空提供了一个神话色彩十分浓郁的活动场所。全国各地的水帘洞很多，但都是《西游记》流行以后起的名字，只有这里的水帘洞是在《西游记》风行以前便有了的。

明代海州人张朝瑞在为三元宫写的一块碑记里，便记载着水帘洞是香客必游之处。石壁上“高山流水”四个大字，是海州知州王同题写的，时为明嘉靖二十三年（1544年），那时《西游记》还不曾出书。

水帘洞是一个天然裂隙洞穴，内有人工隧道可通下层平台。洞门前有许多珍贵的题刻。

“印心石屋”是清代道光皇帝手书，赐给太子少保、兵部尚书、两江总督陶澍的。道光十二年（1832年）陶澍奉命来海州改革盐政，成效卓著，使清廷国库转亏为盈，出现了短时期的中兴局面，因此皇帝赐予他亲书室名的殊荣。

三年后，陶澍又以钦差大臣的身份再次来海州巡视盐政改革的成效，并发起云台山庙守的修缮工作，大兴土木，使这一带风景区顿时面貌一新。为了纪念他的功绩，当地人便将御书“印心石屋”放在。

“灵泉”二字是嘉庆年间知州师亮采的手笔，“灵泉”指的是洞里那口方形小井，井虽不大，却常

水帘洞

年有水，大旱不涸，民间传说通往东海龙宫的海眼就是指的它。水帘洞位于甘肃武山县城东北25千米，在形似刀斧所劈的试斧山东侧峭石壁上，是一个约50米长、30米高、20米深的拱形天然洞穴。

据说雨季时能见到流水像晶莹珠玉垂帘似的壮阔景象，因而有“水帘洞”的美称。

洞内有宫、寺、殿、台、亭、阁及泉十多个，依自然岩洞有开有合，错落有致，工艺精巧。

水帘洞的崖面上保存着北魏、隋、唐、元各代佛教巨幅壁画。与水帘洞隔山相对的拉稍寺，北周所建，寺内保存了大量的北周至元代的石窟艺术作品。

佛教艺术传入中国的踪迹

从这里，我们同样可以看到佛教艺术随着“丝绸之路”的开拓而传入中国的踪迹。

武山水帘洞石窟位于天水市武山县城东北25千米处的钟楼山峡谷中，现有水帘洞、拉稍寺、千佛洞、显圣池四个单元，为丝绸之路东线上一处重要的石窟寺院。始建于十六国时期的后秦，经北魏、北周、隋、唐、五代至元，历代屡有修建。

其中以拉稍寺、千佛洞的摩崖题记、雕塑作品、壁画及木构遮檐最为珍贵。拉稍寺又名大佛崖，在一块巨大的崖壁上摩崖浮雕塑造一高达40余米的释加佛像。在陡峭的山壁上雕有一尊释迦牟尼坐像，两侧饰以菩萨、神兽等浮雕。水帘洞石窟已被列为省级文物保护单位。

迷你知识卡

小乘佛教

原始佛教及公元前3世纪—公元1世纪时形成的约20个佛教部派及其学说的泛称。小乘佛教又称上座部佛教或南传佛教，是佛教最基本的两大派别之一。

小乘指较小的车乘，是大乘佛教出现后才有的名称。大乘佛教自命为优胜的广大的解脱途径，以区别于它之前的佛教学说。西方学者通常以南传佛教为小乘，但后者并不接受此称呼。

15 玉华洞（中国）——武夷山下的明珠

中华人民共和国国旗

1. 闽山第一洞
2. “形胜甲闽山，人间瑶池景”
3. 玉华洞的洞标鸡冠石
4. 80幅溶洞导游图
5. 罕见的华光

闽山第一洞

中国四大名洞之一的玉华古洞是国家级风景名胜区，位于将乐县城南7千米的天阶山下，为国家重点风景名胜区,全洞总长10千米，主洞长2.5千米。因洞内岩石光洁如玉，光华四射而得名，是福建省最长最大的石灰岩溶洞，被誉为“闽山第一洞”，列“中国四大名洞之一”。

古洞总长5千米，有藏禾、雷公、果子、黄泥、溪源、白云6个支洞，共169个景点。它形成于2.7亿年前，由海底沉积的石灰熔岩经过三次地壳运动的抬升和亿万年流水的冲刷、溶蚀、切割而成，属典型的喀斯特地貌景观。如今正处于发育生长期，是一处胜

玉华洞

景天成、如梦如觉、自然幻化的人间仙境。夏季寒气逼人，是一个避暑的好地方。

“形胜甲闽山，人间瑶池景”

将乐县位于福建省西北部，武夷山脉东南部，闽江支流金溪中下游，面积2 246平方千米，所辖6镇7乡1个自然保护区(龙栖山国家级自然保护区)，人口16.7万。“金溪河九曲十八湾，古邑三千年风雨”。将乐史称“古镛”，素有“文化古邑”美称。因“水来自将溪而越王乐野宫在是”，又以“邑在将溪之阳，土沃民乐”故名“将乐”。

将乐是福建省7个古县之一，历史悠久，早在夏朝和商代，将乐先民就在金溪沿岸繁衍生息，哺育文明。三国吴（孙休）永安三年（260年）设置将乐县，属建安郡，五代时，曾一度升县为州，至今有1 700多年的历史。玉华洞位于县城南7千米的天阶山下，誉称“形胜甲闽山，人间瑶池景”。

形胜甲闽山，人间瑶池景

玉华洞内有两条通道，分藏禾、雷公、果子、黄泥、溪源、白云6个支洞。第一洞的穹顶像一个蒙古包，游人至此可稍事休息，故名休息厅。第二洞内的钟乳石像谷穗，像麦浪，故名之为五谷厅。第三洞名为天地宫；入口处有一长约丈余的深涧，其上横一石，名为天桥；洞顶悬挂众多状如火炬的钟乳石，宛如宫灯；左侧有一石井,深两丈,名为天池；

右侧有一石柱，轻轻击打便可发出悦耳的声响，名为天地柱。

洞内有石泉、井泉、灵泉三股泉水，清澈甘冽，潺潺有声，有达摩面壁，仙人田、地下龙宫、瑶池五女、硕果累累，五更天等160多景，前后洞口及洞内的岩壁上，保存着许多宋代以来的摩崖石刻。

宋代著名理学家杨时，民族英雄李纲曾游此洞，明代地理学家徐霞客称赞“此洞炫巧争奇，遍布幽奥，透露处层层有削玉裁云之态”。

幽深的玉华洞是实施洞穴疗法的“天然医院”，洞内温度长年保持18℃，凉风习习，空气清新，其前洞空气在洞内受冷向下流往前洞喷出，前洞口的风力强达4级，构成闻名的“一扇风”，令人心旷神怡。

洞内充满丰富的游离子,泉水饱含丰富的微量元素,其环境对于气管炎、关节炎等疾病有良好的疗效。

玉华洞的洞标鸡冠石

玉华洞因洞内岩石光洁如玉，华光四射而得名。全洞总长约6千米，由藏禾洞、雷公洞、果子洞、

玉华洞内水声潺潺

黄泥洞、溪源洞、白云洞等6个支洞和石泉、井泉、灵泉3条深不及膝的小阴河组成。

洞内景观约180个。玉华洞入口在山脚下，叫“一扇风”， 出口在山顶，叫“五更天”。 走进洞门，阴风乍起，凉飕飕的令人有点不寒而粟，真是“一扇风”。

洞内小径盘曲，处处是神奇的景观，奇形怪状的钟乳石，惟妙惟肖，形状优美。身临其境，深感大自然鬼斧神工之精妙，诡异而神秘。

宋代理学家杨时曾赞“此洞炫巧争奇，遍布幽奥”。明代徐霞客游后，撰书《游玉华洞记》有“弘含奇瑰，炫巧争奇，遍布幽奥”的赞语。因此，玉华洞之所以被称为玉华洞，是因为洞中的石钟乳莹白

如玉，华彩四射。

据说这洞中原本全都是白色的，自宋代以来，就不断有人进洞游览，这洞壁就是被火把熏黑的。玉华洞每一处景观都被人们赋予美丽的名字。形象最为逼真有“苍龙出海”、“童子拜观音”、“鸡冠石”、“瓜果满天”、“峨眉泻雪”、“擎天巨柱”、“马良神笔”、“嫦娥奔月”、“瑶池玉女”等。

“鸡冠石”是玉华洞的洞标，型如鸡冠呈倒三角型的巨石上，底部还有石基，俨然一块呈列展台上的宝石，天工造物 ，红色灯光打在上面，充满青春活力。

景点“瓜果满天”是由纠结饱满的钟乳石布满整个洞厅的顶部，斜挂而下，如荔枝，如菠萝，如葡萄，五颜六色的灯光打在上面，美不胜收。

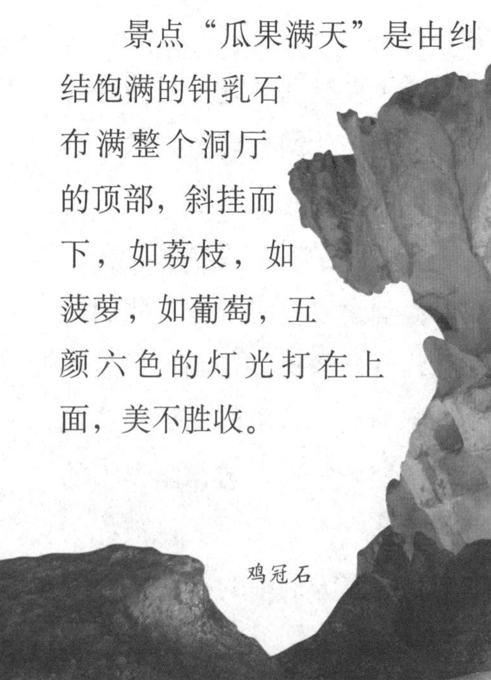

鸡冠石

景点“峨眉泻雪”四周都黑漆漆的洞壁乍然洁白一片，却又沟壑分明，如同雪满山崖，令人流连忘返。走上洞口，天光如纱如雾的灌下来，仿佛沐浴在这神圣的光芒之中……

玉华古洞自西汉被当地猎人揭开神秘的面纱，已有2000多年的游览史。

80幅溶洞导游图

现保存完好的明朝绘制的我国唯一完整的80幅溶洞导游图；西汉以来，玉华古洞留下数以千计文人墨客与官吏题写的游记、诗赋与摩崖石刻。

奇瑰迷幻的玉华洞

玉华古洞之美，是一种天然的美，灵动的美，以风取胜、以水见长、以云夺奇、以石求异的风姿神韵，处处透露出大自然鬼斧神工的奇瑰迷幻。更以其美轮美奂、钟灵毓秀的绝尘清雅，在中国溶洞景观的丛林中绽放异彩。

玉华洞距福银高速将乐互通口3千米。景区环境优美，景色宜人。

罕见的华光

玉华洞于汉初被人发现后，便游人不断。洞进出口处岩壁上保留不少宋以来的摩崖石刻。

明万历年间（1573—1619年），廖九峰为玉华洞修志7卷，清康熙年间(1662—1722年)邑人廖云友重修《玉华洞志》。

离洞1千米多的村庄里，有一口直径1米的圆井，小阴河的水由此涌出，水珠呈梅花状，纷纷扬扬，故名“梅花井”。有水泥公路直达洞口，洞口安放着徐霞客铜像，还建有擂茶馆、动物世界标本馆、荷花池等游览设施。

福建最长最大的石灰岩溶洞——玉华洞，在雨过天晴后出现华光。雾气在阳光和灯光的照射下如梦似幻，变化莫测。

微量元素

是相对主量元素(大量元素)来划分的，根据寄存对象的不同可以分为多种类型。目前较受关注的主要是两类，一种是生物体中的微量元素，另一种是非生物体中（如岩石中）的微量元素。

16 本溪水洞（中国）——人间独此一洞天

中华人民共和国国旗

1．大型充水溶洞
2．最长的地下暗河
3．水洞的年龄
4．不敢涉足的迷宫
5．地理教科书上的“常客”

大型充水溶洞

本溪水洞位于本溪市东35千米的太子河畔，是四五百万年前形成的大型充水溶洞。本溪水洞分水、旱两洞。

水洞深邃宽阔，一条蜿蜒5 800米的地下长河贯穿全洞，有九曲银河之称。已向游人开放的2 800米中有三峡、七宫、九湾，步步是景。洞内水流终年不竭，平均水深1.5米，最深处7米，最浅处只有0.8米。新开发的“源头天地”、“玉女宫”等500米暗河景观别有天地。洞内常年保持12℃的恒温，四季如春。

旱洞现辟为古生物宫。洞外盘缘山腰的古式回廊，别具风韵的人工湖和水榭亭台，使水洞内外景观相得益彰。

本溪水洞由水洞、温泉寺、汤沟、关门山、铁刹、庙后山这6个就景区组成，沿太子河呈带状分布，

水洞大门

总面积42.2平方千米。在本溪市东北35千米处。大厅正面有1 000多平方米的水面，码头可同时停泊游船40艘，泛舟可游水洞。本溪水洞被誉为“钟乳奇峰景万千，轻舟碧水诗画间，钟秀只应仙界有，人间独此一洞天”。

最长的地下暗河

最长的地下暗河

通往水洞的码头，千余平方米的水面宛如一幽静别致的“港湾”，灯光所及水中游船、洞中石景倒映其中，使人如入仙境。从护岸石阶拾级而下，通过长廊从码头上船，即可畅游水洞。

大厅正面有1 000多平方米的水面，有码头可同时停泊游船40艘，泛舟则可畅游水洞，欣赏水洞之大、水洞之长、水洞之深、飞瀑之美。洞内空气通畅，水流终年不竭，每昼夜流量1 400万千克，平均水深1.5米，最深处7米，洞内恒温12℃。河道曲折婉蜒，河水清澈见底，洞内分“三峡”、“七宫”、“九弯”，故名“九曲银河”。

水域沿洞体展开，纵深达2.3千米，而且时阔时狭，迂回曲折，洞内钟乳石、石笋与石柱多从裂隙攒拥而出，不加雕饰即形成各种物象。这些物象光怪陆离，极具观赏性。从码头乘游艇向前行，可依次欣赏飞泉迎客、宝瓶口、海潮、宝莲灯、群猴、福寿星等奇景。

它们维妙维肖，形象逼真。特别是玉米塔、玉象和雪山三景，更是名实相符，几可乱真。银河两岸钟乳林立，石笋如画，千姿百态，洞顶空窿钟乳高悬，晶莹斑斓，沿河景点达100余处，千姿百态， 各具特色，泛舟其中，如临仙境，这是水与石浑然天成的神秘洞穴，是迄今世界上已发现的最长可乘船游览的地下暗河。

奇石倒映在水中

旱洞长300米，洞穴高低错落，洞中有洞，曲折迷离，各有洞天，洞顶和岩壁钟乳石多沿裂隙成群发育，呈现各式物象，不加修凿，自然成趣，宛若龙宫仙境。古井、龙潭、百步池等诸多的景观，令游人浮想联翩，流连忘返。

左侧为一处“港湾”，灯光所及，洞中物象一一倒悬水中。洞尽头是一泓清潭，深不见底，水气袭来，令人肌寒彻骨。现利用旱洞独特的资源，经人工改造成为古生物宫，采用先进的声、光、电技术，再现了古生物的进化演变过程，是游览和科普教育的最佳景观。

水洞的年龄

水洞的形成年代没有那么久远，据1996年本溪水洞洞穴科研成果已经准确地告诉我们，水洞开始发育于距今40～50万年前的第四纪中更新世的早中期，经过裂隙充水和洞道扩大，形成了水洞的雏形。

在距今20～25万年的中更新世的晚期，形成了今天这样的地下暗河。本溪水洞的成因，根据1996年最新的权威性的研究成果得知它有三个基本有利条件：一是水洞发育在奥陶系下统马家沟组石灰岩当中，该石灰岩层是可溶性岩层，它呈条带状分布在太子河和汤河的河间地带。二是这里的断层、常理裂隙特别发育见有东西向、南北向、北西向和北东向四组断裂构造。其中东西向的断层几乎与水洞的延伸方向一致。

断裂构造破坏了岩石的完整性，同时也是地下水在其中运移的通道。三是在石灰岩裂隙中流动的水，是由汤河水补给的，它具有很强的溶蚀能力。由于上述条件并存于水洞地区，汤河水在石灰岩层里流动，经过几十万年的溶蚀、崩塌作用，最终形成了本溪水洞——大型地下暗河型岩溶洞穴。

不敢涉足的迷宫

关东山的老百姓把山水转弯的地方叫“崴子”。本溪县城东八里远的谢家崴子，背倚莽莽青山，面临太子河水，峻峰高耸，清流蜿蜒，田园如画，气象万千。

人间仙境一般的本溪水洞就藏身在谢家崴子山腹中。本溪水洞原名叫谢家崴子水洞，洞深流长，状如迷宫。内有水洞、旱洞、向外流水洞。三洞合一，各具奇景。

走进斗拱形的洞口，就能看到宽敞的“紫霄宫”，左接旱洞，右连泻口银波洞，一条瀑布从两丈多高的仙人洞口喷泻下来，倾入九曲银河似的水洞恰如飞泉迎客，习习凉风轻拂人面，使人旷神怡。

旱洞状如蟠龙，长约百丈，洞穴高低错落，宽窄相间，洞中有洞，曲径通幽，奇景浑然天成。

洞中有与海相通的“海眼”；有香气飘溢、颜色金黄的“香脂壁”；有触地接天、缕缕丝丝、涓涓细流积聚而成的“龙涎障”；还有洞顶如万把尖刀排空欲下的“悬岩峰”等奇妙景致。乘一叶扁舟，沿着被称为“九曲银河”水洞溯流而上，所过之处，清流静谧，深有丈余，水洞高达数丈，宽两三丈。

河岸和头顶尽是壮观的美景。船行五里银河，绕过13处转弯，被巨石拦住，弃船涉水而进，里边水洞或宽或窄，或高或低，水流或深或浅或缓或急，高深莫测，险象环生，游人不得不惊惧止步。

每年四月初八，画龙点睛人间的各路神仙都驾着祥云，到紫霄宫聚会，吃仙果，饮玉浆，奏仙乐，吹洞箫……众仙见洪钧开拓的宫蓼

钟乳石林

如此雄伟壮观，无不惊叹叫好，纷纷赠宝装点紫霄宫。

紫霄宫里，尽是奇珍异宝，祥光万道，千姿百景融于一洞，水绕洞行，妙趣横生。后来，人间出了贪心不足、毒如蛇蝎的人，常到紫霄宫盗取仙家珍宝，换取高官厚禄，图谋富贵荣华，残害善良百姓。当99颗夜明珠被贪以盗走之后，水洞变成了幽深的黑洞。

九天玄女见人心难测，就从哥哥玉皇大帝那里借来了红蝙蝠，放在宫殿门口，时刻观望进紫霄宫的行人，是好人赐之以福，是恶人降之以灾。又在九曲银河似的水洞渡口放一只无桨无橹的神船，避难的百姓乘船遇救，贪心人上船便会失踪，幽暗深邃的紫霄宫成了使人不敢涉足的迷宫。

斗转星移，时至今天，天下昌平，盛世来临。夜明珠再现，人们看到了紫霄宫的真面目，虽然在五里银河中只能看到“四宫”、“三峡”等几十处风光奇异的仙宫美景，不能尽游水洞全程，但也使游人叹为观止，赞誉为“人间独此一洞天”啦！

地理教科书上的“常客”

本溪地质资源具有典型性、珍稀性、科学性、多样性和可观赏性的特点，仅地理教科书以本溪命名的就有14处。

2005年8月本溪通过了国土资源部的审核，正式成为国家地质公园，整座城市成为国家地质公园，这在中国是非常罕见的。

整个园区规划面积218.2平方千米，包括本溪水洞、平顶山、五女山三大园区，21个景区，30个景点，包括了本溪所有的地质遗迹、自然景观和人文景观。

人文景观

又称文化景观，是人们在日常生活中，为了满足一些物质和精神等方面的需要，在自然景观的基础上，叠加了文化特质而构成的景观。人文景观，最主要的体现即聚落。其次有服饰、建筑、音乐等。而建筑方面的特色反映即宗教建筑景观，如伊斯兰建筑景观、佛教建筑景观。

崆山白云洞（中国）——中国北方第一洞

中华人民共和国国旗

1. 在白云山南端的崆山上
2. 洞洞连环，厅厅套接
3. 各有特色的5个洞厅
4. “野外沉积岩博物馆”
5. 令人心旷神怡的“奇妙旅游”

在白云山南端的崆山上

崆山白云洞位于邢台市临城县境内，南距河北省邢台市56千米，北距石家庄市86千米。崆山白云洞形成于5亿年前的中寒武纪，是我国北方一处难得的岩溶洞穴景观，是国家重点风景名胜区和国家地质公园、国家AAAA级景区。

崆山白云洞发育在白云山南端的崆山上，所以叫崆山白云洞，它是我国北方新发现的大型喀斯特溶洞。据专家考证，5亿年前，这里曾是一片温暖的浅海环境，在海底沉积了石灰岩地层，后来地壳运动，使海洋变成了山丘，由于地下水对石灰岩的溶蚀作用，造就了这个北方罕见的溶洞。

初步探明并对游人开放的有5个洞厅，总面积4 000多平方米，游线总长2千米，主要景观有150多处，非常罕见的绝景有六处，洞内常年恒温17℃。根据洞厅的景观造型特点，专家们把5个洞厅起名为“人间”、“天堂”、“迷宫”、“地府”和“龙宫”。

崆山白云洞

洞洞连环，厅厅套接

在已探明开放的5个洞厅中，洞洞连环，厅厅套接，依据其氛围景象之不同，将5个洞厅依次命名为“人间”、“天堂”、“地府”、“龙宫”、“迷宫”。第一洞厅“人间”宽敞宏大，有山有水，一片人间太平景象；第二洞厅“天堂”垂帘悬幕，富丽堂皇，犹如天堂；第三洞厅“地府”怪石林立，阴森恐怖，颇似想象中的地府。第四洞厅“龙宫”树枝珠串、水潭密布，很像龙宫。洞内岩溶造型齐全，单位面积景观密集，风景形态瑰丽多彩，原始风貌保存完好。第五洞厅“迷宫”怪石嶙峋，曲折迂回，别有洞天。

整个封闭空间都充满了琳琅满目、色彩斑斓的石钟乳、石笋、石幔、石帘、石瀑布、石帘花等碳酸盐造型，其中网状卷曲的“节外生枝”、“线型石管”、形态绮丽的牛肺状“彩色石幔”、石帘、晶莹如珠的石葡萄、石珍珠等，在国内其他溶洞中是极其罕见的。

石幔

洞内的拟人物拟景物多达109处。景观的体量大小不一，大体量的有石柱、石幕、石瀑布、石平台等。最大的石柱周长达4.3米，顶天立地，蔚为壮观。

最大的石幕宽达8米，而最小的景观石针，直径仅有几毫米。还有造型奇特、形象逼真、惟妙惟肖的鹦鹉石、雄狮等。整个溶洞景观给人以形态美、线条美、空间美等多种艺术享受，堪称岩溶造型“博物馆”和“地下迷宫”。

各有特色的5个洞厅

5个洞厅景观各异，各有特色。人间洞厅长70米，宽35米，高18米，主要景观有网状卷曲石、霸王鞭、擎天柱、悬空寺、金蝉戏金鱼等。

洞内石笋、石塔、石钟乳、石柱遍布，最大的石柱高8.5米，胸围4.3米，被称为擎天柱。

由于洞顶落下的水滴多次飞溅、钙化沉积而形成的石花比比皆是。“网状卷曲石”更是崆山白云洞的一绝，在我国其他溶洞中极为罕见。天堂洞厅长120米，宽65米，高20米，是溶洞内最大的洞厅。

厅内垂帘悬幕，富丽堂皇，犹如天堂。主要景观由于地壳变动，石钟乳和石笋发生相对位移的“阴差阳错”；有横向生长的，形似树枝的卷曲石“节外生枝”；有精美绝伦的，被称为崆山白云洞第二绝的“玉簪对银瓶”；“银河天降”景观表面呈面粉状的钙化层，在地质学上称为“月奶石”，对地质和古气候的研究有很高的科学价值。

另外还有万年灵芝、千年仙蘑、石琴、玉龙钻天、瑶池等景观。龙宫洞厅，洞内琼枝珠、水潭密布，很像龙宫。游线全长500米，落差约50米，命名景观50多处。有莲花托塔、醉猿抱塔、玉龙潜卧、双塔争雄、线性石管、二龟对吻龙子仙阁等。

“线性石管”上下笔直均匀，中间空心，被称为溶洞的一绝。“仙山玉阁”景观是石崆山白云洞的精华。这里景观密集，一步数景，步换景移，石花、石笋、石钟乳、石瀑布、石帷幕、彩色石幔等应有尽有，其变化度最具有代表性。其中针状石花在其他溶洞绝无仅有，也为溶洞一绝。

地府洞厅，洞内怪石林立、阴森恐怖，颇似地府。主要景观有独眼怪兽、判官、森罗塔、牛头等。流动的大水冲刷和溶蚀作用形成了这些奇形怪石。

奇石美景

"野外沉积岩博物馆"

位于崆山白云洞西南2.5千米的岐山湖景区（临城水库），始建于1958年，是县内农业灌溉用人工水库，库容量为1.76亿立方米。湖水清澈无污染，水质达国标二级。该湖具有水面开阔，湖岸线长的特点。在这里开发度假、游泳、垂钓、戏水、游乐项目具有得天独厚的自然条件。

该景区规划开发面积30平方千米，其中水面面积8平方千米。这里湖水一碧如洗，平静清澈，湖边浅处呈淡绿色，湖中深处一片蔚蓝，与远山互映，构成绿水青山的画面。湖的西北端，水漫潭林，树在水中长，水在林中流，船在树中游，意境优美独特。

湖中水产资源鲜美丰富，拥有数十种浅水鱼类，有重过百斤的青鱼，有大如锅盖的圆鱼，还有身长数寸的湖虾。

金秋时节，常有野鸭栖落飞翔，别有一番野趣.湖边逶迤的低丘园林地带，绿草茵茵；岸边沙滩，细软洁白，纵目西眺，群山如黛。像一枚晶莹碧透的蓝色宝石，静静地镶嵌在巍巍太行脚下。这里四季如春，平和、幽静、起浮的峰峦倒影水中，游艇飞驰激浪花，一派“人间仙境”。

天台山景区距邢台市临城县崆山溶洞景区西北8千米，为临城古八景之一，它包括大平台、五谷仓、石柱峰、天眼山、九尖山等诸峰，总面积约23平方千米，主峰海拔599米。远远望去，天台山就像一尊首东而足西的巨型睡佛。

天台山在古时就有天台八景之说。主要景点有：溪谷、瀑布、清泉、五谷仓、龙首峡、天圈、九县垴、大天眼山、小天眼山、云海亭、半壁殿及南禅、北禅、慈云阉、仙岩庵、桃源洞等近30多处。

天台山岩石是由红色石英砂岩

瑰丽奇幻的钟乳石

石幔

组成的丹霞地貌，岩峰和峭壁具有顶平、壁陡、坡斜、树茂的特点。

因山体挺拔参天、顶平如台小巧玲珑，奇特多变，景色丰富多彩而得名。天台峭壁，笔直如削，造型奇特，犹如飞檐斗拱，它记载着最古老岩层的起伏、错落、风化、剥蚀过程。在悬崖半山腰，有一条长百余米的“栈道”，崎岖狭窄，一般人极难通过。

令人心旷神怡的“奇妙旅游”

崆山白云洞对外开放十多年来发生了很大变化，临城县政府以崆山白云洞为依托，以崆山白云洞为龙头，集洞、山、水、原始次生林及人文景观为一体，方圆250平方千米的旅游带初具规模。

崆山白云洞、天台山、岐山湖、蝎子沟原始次生林等于2005年已被国土部批准为“国家地质公园”。

天台山景区总面积20多平方千米，探险观奇，一步一景；岐山湖景区以休闲度假、水上游乐、餐饮住宿、会议服务等项目为主；“避暑胜地”小天池原始次生林；还有全国重点文物保护单位“宋代普利寺塔”和“唐代邢窑遗址”、“风波亭”等人文景观，以及地质博物馆、邢瓷作坊、岐山湖环湖公路开发、旅游专线公路建设等。建成后，方圆不出5千米的大旅游的文化格局基本上形成，将打造出一段令人心旷神怡的“奇妙旅游”。

石幔

洞穴学名词，流水中碳酸钙沿溶洞壁或倾斜的洞顶向下沉淀成层状堆积而成，因形如布幔而得名，又称石帘、石帷幕。

18 丹漠洞（爱尔兰）——通往神秘洞穴的地狱入口

爱尔兰国旗

1. 爱尔兰东南部的神秘洞穴遗址
2. 爱尔兰最黑暗的地方
3. 打扫卫生时发现的永恒宝藏
4. 洞内宝藏从未对外展示过
5. 绿茵遍布的和平宁静国家

丹漠洞入口

爱尔兰东南部的神秘洞穴遗址

丹漠洞位于爱尔兰基尔肯尼郡，是一个风光旖旎的地方，也是一个神秘的遗址，是爱尔兰最重要的旅游城市之一。每年都有数十万计的游客来到基尔肯尼，他们必定参观的地方就是丹漠洞遗址。

基尔肯尼是爱尔兰东南部城市，基尔肯尼郡首府，临诺尔河，为附近农区商业中心和铁路终端。城市主要部分以小河为界，分为英吉利人居住区和爱尔兰人居住区。有采煤、毛纺织、啤酒酿造、制靴、家具等工业。爱尔兰人居住区内有古教堂多座，古迹颇多。剧作家斯威夫特、康格里夫和哲学家贝克莱等人曾在该市的圣约翰学院（成立于16世纪）攻读。附近盛产黑色大理石。

丹漠洞

爱尔兰最黑暗的地方

丹漠洞被称为爱尔兰最黑暗的地方，因为这个洞穴记录了一次惨无人道的大屠杀。公元928年，挪威海盗来到爱尔兰，对基尔肯尼附近一带进行洗劫。当时居住在丹漠洞附近的居民为了逃命，在海盗袭来的前几个小时集体躲到洞中。

丹漠洞是一个巨大的溶洞，洞里地形复杂，有连串的小洞穴一一相连，避难的人认为这是绝佳的藏身之地。他们幻想海盗抢完能抢的东西后就会离开。然而丹漠洞的入口太过明显，海盗很快发现了洞中藏人的秘密，一场血腥的大屠杀开始了。

海盗进入洞里，把所有发现的人都杀死，估计有1 000多人，然后守在洞口半个月，没有当场被杀死的人后来都因染病而死或者饿死了。1999年，一个导游偶然发现洞穴中隐藏了永恒的宝藏，报告了政府，人们从那个狭缝中挖出了几千枚古钱币等。丹漠洞遗址宝藏因为其独一无二的血腥背景和考古价值排在世界十大宝藏的第六位。

在之后将近1 000年的时间里，丹漠洞成了爱尔兰的“地狱入口”，再没有一个人敢进入洞中。直到1940年，一群考古学家对丹漠洞进行考察，仅仅在一个小洞穴里就发现44具骸骨，多半是妇女和老人的，甚至还有未出世的胎儿的骨骼。骸骨证实了丹漠洞曾经发生的悲剧。1973年这里被定为爱尔兰国家博物馆，每年迎接无数游客前来纪念那些惨遭屠杀的人。

打扫卫生时发现的永恒宝藏

然而，丹漠洞的故事到这里还没有结束。一个导游的偶然发现证实，这里不仅是黑暗历史的纪念馆，沉默的洞穴中还隐藏了永恒的宝藏。

1999年冬天，一个导游准备打扫卫生，因为寒冷冬季是旅游淡季，丹漠洞将关闭一段时间。他准备仔细清理游客留下的垃圾，所以去了很多平时根本不会去的洞穴。

在一个离主路很远的小洞里，他突然看到一块绿色的“纸片”粘在洞壁上，他以为那是一张废纸。走上前去，赫然发现那根本不是什么纸片，而是什么东西从洞壁的狭缝中发出闪闪绿光。导游用手指往外抠，结果抠出一个镶嵌着绿宝石的银镯子！

诚实的导游马上将发现报告政府，在接下来的3个月里，爱尔兰国家博物馆的工作人员从那个狭缝中挖出了几千枚古钱币，一些银条、金条和首饰，另外还有几百枚银制纽扣。这些东西应该是当时躲藏的人随身携带的。也许为了让财物更安全，他们把值钱的东西集中一起然后藏在一个隐蔽小洞里，甚至把衣服上的银纽扣都解了下来。

海盗之所以屠杀所有的人，也许和没能发现这些财宝有关。由于在潮湿的洞里呆了1 000多年，挖出来的东西都失去了金属原有的夺目光彩。国家博物馆的几十个专家工作了几个月才让所有艺术品和钱币重现光彩。

丹漠洞的石壁

洞内宝藏从未对外展示过

人类的发展史同时也是财富的积累史。生产力的提高、社会形式的变迁、人们对精神生活的追求和思想境界的不断升华无不与财富的积累有关系。人类不断创造财富，财富同时也推动着人类前进。

不过，在时间的隧道中，也有一部分财富因为各种各样的原因停伫在那里，它们或被深埋地下，或被故意隐藏，或被秘密收藏，成为富有神秘色彩的宝藏。意外发现宝藏大概是所有人的梦想，无数寻宝题材的文艺作品引人入胜。它们有的是一个国家、家族的千年积累，有的是一个人一生探寻得到的回报，有的是考古学家意外的发现。

丹漠洞遗址宝藏是爱尔兰最重要的宝藏，被收藏在国家博物馆，一直没有完全对外展示过。但其历史价值和考古价值远远超过其本身价值。考古人员说，有一些工艺品和纽扣的样式十分古怪，在所有和海盗有关的文物中都是独一无二的。

在丹漠洞中被杀害的人现在可以安息了，他们为之丧命的财宝现在成了爱尔兰的国宝，将永远聆听世人的惊叹和赞美。

爱尔兰国家博物馆是爱尔兰共和国综合性博物馆。在都柏林。1733

蜿蜒曲折的石壁

年由都柏林皇家学会设立收藏农业器具的博物馆，不久即用来收藏动、植物标本。1857年成立自然历史博物馆，1877年形成国立博物馆，并于1890年正式开放。

该馆设爱尔兰古器物部、艺术与产业部、自然历史部、爱尔兰民俗生活部，展出古器物、艺术品、金制品、早期基督教金属工艺品及动物学、植物学、地质学方面的标本和资料。古器物部中以史前金制装饰品最为精致，是欧洲罕见的文物，青铜时代的项链、别针、护喉具等也极珍贵，显示出爱尔兰古代的高度繁荣和工匠巧夺天工的高超技术。

早期基督教时代遗物丰富多彩，由 300多个玻璃杯制成的圣阿达杯是8世纪时的代表作。产业部展出工业与应用艺术、武器、东方器物、

奇异的钟乳石

陶瓷器等，还有1916～1923年反英独立战争纪念陈列室，展出有关史料。自然历史部展出有已灭绝的爱尔兰巨鹿、熊、狼、北极狼、猛犸以及大量鸟类的珍贵标本。

绿茵遍布的和平宁静国家

爱尔兰是一个西欧国家，西临大西洋东靠爱尔兰海，与英国隔海相望，爱尔兰为北美通向欧洲的通道。爱尔兰人属于凯尔特人，是欧洲大陆第一代居民的子嗣。它有5000多年历史，是一个有着悠久历史的国家。该国的风景非常美丽迷人。尽管爱尔兰也有自己的语言——盖尔语，但它却是欧洲除英国之外唯一一个英语国家。爱尔兰共和国于1922年从英国殖民统治下独立出来，也是个和平宁静的国家。

爱尔兰北部被称为北爱尔兰，至今仍属于英国。因此，爱尔兰共和国与电视新闻中经常出现的暴力冲突频仍的北爱尔兰是有所不同的。

爱尔兰为岛国，位于欧洲大陆的西北海岸。面积70 282平方千米，绿荫遍布，河流纵横。全岛被小型丘陵环绕，中部相对较低，是河、湖纵横的低地。下部亦多湖泊。河流以香农河最长，其余皆短小。全岛被东西走向的利菲河分割为南北两部分。西卡朗图厄尔山是全国最高点(海拔1 041米)。大西洋沿岸港湾曲折深邃,多良港。东岸较平直。

青铜时代

人类利用金属的第一个时代。各地区的青铜时代开始时期不一。希腊、埃及始于公元前3 000年以前，中国始于公元前1 800年。青铜是铜和锡的合金。青铜时代在考古学上是以使用青铜器为标志的人类文化发展的一个阶段。

吉诺蓝岩洞（澳大利亚）——蓝色世界的岩洞

澳大利亚国旗

1. 澳洲的旅游胜地
2. 入主非物质自然宝库
3. 它大部分都掩藏在地下
4. 最长最深的帝王穴
5. 醉人的黄金海岸

吉诺蓝岩洞

澳洲的旅游胜地

吉诺蓝岩洞位于澳大利亚东南部旅游胜地蓝山以西100 余千米处，是一座地下山洞奇景。构成山洞奇景的主要成分有两种，一种是钟乳石，另一种是泻入洞里的流水夹杂着的沉淀物质。

钟乳石宛若寒冬季节垂挂在屋檐边上的冰柱，也像冰柱一样缓缓融化向下滴落，点点滴在地面上，堆叠隆起长高，最后形成石笋。石笋是指在溶洞中直立在洞底的尖锥体。饱含着碳酸钙的水通过洞顶的裂隙或从钟乳石上滴至洞底。

一方面由于水分蒸发，另一方面由于在洞穴里有时温度较高，钙

地下河

继续溶解下滴，下边的石笋不断叠高。等到钟乳和石笋连接起来，就成了上下两端粗中间细的石柱。

流水中的沉淀物质随着水流的快慢，产生各种各样的形态，常见的有宝盖、尖塔、瀑布、披肩、冕旒、珠串、液波等。这些都是对石柱的形象形容。石笋也是岩洞中最常见的景观，在灯光效果的映衬下展现出岩洞中变幻万千的美景。随着时间的推移，这些经过时间积淀下来的自然景观更加显得弥足珍贵。

质析出，沉积在洞底。洞顶的水在慢慢向下渗漏时，水中的碳酸氢钙发生上述反应，有的沉积在洞顶，有的沉积在洞底，日久天长洞顶的形成石钟乳，洞底的形成石笋。

石钟乳的形成，同石笋形成的过程是一样的。只不过石钟乳从上往下长就是了。那些顶天立地的“灵芝柱”，就是石笋和石钟乳对接起来之后形成的。据说，石笋和石钟乳，每百年才长高一厘米，长一米，就是一万年了。在地上长成一个尖锥体，很像竹笋，故名石笋。

在吉诺蓝岩洞中，上面的钟乳

入主非物质自然宝库

蓝山国家公园地处悉尼以西大蓝山山脉地区，因大片国树——桉树分泌的挥发油经太阳光折射后，在空气中散发出蓝色余辉，并久久笼罩于丘陵河川之上，天一派蓝，山一派蓝，就连空气都透出一派蓝，故而得名。

这里不像周围其他区域土地贫瘠、水渠干涸，这一带至少2.2亿年前冈瓦纳大陆盘古开天形成的砂岩高原峰峦起伏，绿树遮天；三叠纪蜕演变异的瓦勒迈松活化石独有千秋，距今约2亿年古树仍万寿无疆；

中生代优胜劣汰物种进化的维管束高等植物标本比比皆是，其数量占全世界总和的10%；掩映在原始森林与亚热带雨林丛中的悬崖峡谷层林尽翠，闲适的气候条件滋养了大量稀有乃至濒危灭绝的生物。

天下珍奇，聚出其中，难怪千禧年间联合国科教文组织特别赶在夏季悉尼奥运会召开之际将其收藏到《世界文化遗产名录》非物质自然宝库。

蓝山国家公园属于大蓝山地区，该区域拥有7个国家公园，在2000年被列入自然类世界遗产。蓝山国家公园内生长着大面积的原始丛林和亚热带雨林，其中以尤加利树最为知名，尤加利树为澳洲的国树，有500多种之多，是澳洲珍贵的动物无尾熊的唯一的食品。当你步入风景如画的原始森林国家公园时，整个空气中都散发着尤加利树的清香，给人一种返朴归真的世外桃源般的感受。

蓝山国家公园坐落在从海拔100米到1 300米之间的高原丘陵上，特殊的地理和气候环境，蕴育了种类繁多的动植物，另外据记载考证，大约16 000年前，这里的地质因为火山爆发而变化活跃，后来又经过长年累月的风雨侵蚀，使我们能够在今天看到各种奇形怪状的岩石和山峰。

在这里分布着超过400多种动植物，充分展现了澳洲自然生态进化史的轨迹。在人们的心目中，原始森林国家公园一定是荒无人烟的，其实不然，在蓝山国家公园内居住着多达8万居民，分布在7个大小村镇，人类与自然，原始与文明，能够这样长期和谐共处，在世界文化遗产中是不多见的。

它大部分都掩藏在地下

吉诺蓝岩洞，分布在地面上的较少，掩藏在地面以下的多，而且多数是大洞套小洞、洞中有洞。地面上有大拱门、魔鬼马车房、卡洛

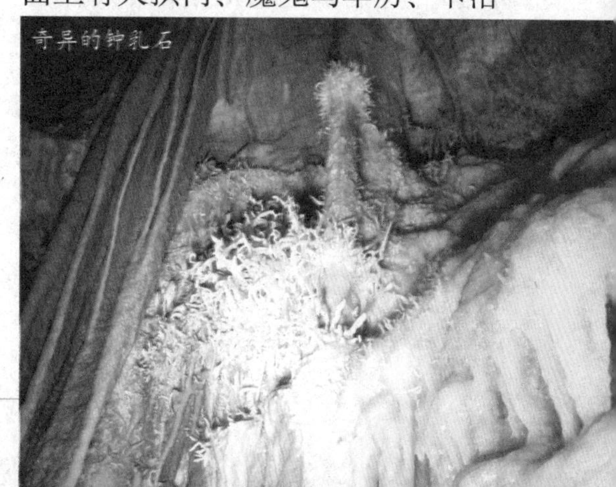
奇异的钟乳石

塔拱门3个洞。地下的洞穴约有100多个。其中帝王穴景象最华丽，洞穴最长最深，洞里还有地下洞天中的小桥流水。

最长最深的帝王穴

帝王穴内最精彩的洞景有4处：一是回教堂圆顶，看起来更像一座宝塔，整座宝塔是纯白色，几条横纹把宝塔分做几层，直挺的尖端便是惟妙惟肖的塔顶。塔旁有几个矮小的石笋，仿佛是几个人在仰望宝塔。

二是仙女洞府，一根较粗的白玉柱和几根较细的白玉柱，构成了琼楼玉宇的檐廊，一片雪白的垂帘，好像能工巧匠精心雕琢成的珠帘，玉柱珠帘里面的洞穴显得很深，可以隐隐约约瞥见几个曼妙的侧影和她们飘逸的裙角，不知那里面藏着多少仙女。

三是印度罩盖，看上去像是皇冠边上的冕旒，一丝一条都是精雕细磨出来的，几条凸起的横纹像是皇冠上的叠缝，中央顶上有一颗圆形石头，更像是皇冠顶上的珍珠，整个皇冠光芒闪烁，好像是上面镶嵌着无数碎小的钻石。

玉柱珠帘

四是美神浴室，有人说这里是吉诺蓝岩洞的第一洞景。在金黄的天花板上，垂挂着几条金银珠串，壁角有一个泉口喷吐出乳白色的泉液，一池浴水上飘浮着一层雪白的香皂泡沫，好像是美神刚刚浴罢离去。

河穴最深最长，洞里的通道也

最险峻，而且洞中景色变化层出不穷，这里是遍地玉树银花，那里是漫天彩虹，忽而是瑰丽万状的溅珠飞瀑，忽而是富丽堂皇的飞檐曲廊，一会儿是一片薄雾迷蒙，一会儿又能看见几点灯火，那变幻莫测的景色，真令人目炫神迷。

河穴深处还有一条缓慢流动着的小河，看不见河水来自何处，也看不清小河流向何方。小河前方有一巨大的岩壁挡住去路，旁边有一架铁梯，攀上巨岩俯视来处，恍惚是站在云端鸟瞰尘寰，几处渔火点点，河上波光闪闪，像是几点寒星在夜空中闪烁。

吉诺蓝岩洞的景观可以说是鬼斧神工、妙趣天成，又显得曾经过精工琢磨，具有艺术加工的效果，令人叹为观止。

醉人的黄金海岸

夏天总离不开阳光和大海，澳洲灿烂的阳光和纯净的海水是永远的诱惑。要想感受澳洲的海必到黄金海岸，这里有连绵不绝的40多个海滩，总长70千米。无论你想在碧蓝的海水中畅游或在沙滩上悠闲地漫步，这都是舒展身心的最好办法。

买一杯咖啡，坐在露天的沙滩咖啡座，享受一下海风及澳洲的阳光。而登上黄金海岸著名的最高建筑，鸟瞰世界闻名的滑浪者天堂，则是独一无二的看海方式。

晚上的黄金海岸更像一颗耀眼的钻石，静静地躺在澳洲东海岸长达75千米的白色沙滩上，各式各样的免税店、酒吧、舞厅、各式餐厅及著名的五星酒店全都聚集在此，购物、游乐随你选择。

桉树

是桃金娘科，桉属植物的统称，可能起源于白垩纪末。桉树，常绿植物，一年内有周期性的老叶脱落现象，大多品种是高大乔木，少数是小乔木，呈灌木状的很少。树冠形状有尖塔形、多枝形和垂枝形等。单叶，全缘，革质，有时被有一层薄蜡质。

叶子可分为幼态叶、中间叶和成熟叶三类，多数品种的叶子对生，较小，心脏形或阔叶针形。

20 燕子洞（中国）——亚洲最壮观的溶洞

中华人民共和国国旗

1．名副其实的“岩宫石府”
2．“短嘴金丝燕”
3．灵敏的辨别方位能力
4．燕子洞有三组景观
5．以盛产燕窝而闻名

名副其实的“岩宫石府”

燕子洞位于云南建水古城以东28千米处公路一侧，距昆明约200千米。洞长4 000多米，洞口高50多米，宽30多米，气势雄伟，蔚为壮观。每年春夏之际，有数十万只雨燕从马来西亚，印度尼西亚等地飞聚于此，筑巢孵卵，故名燕子洞。

燕子洞入口

燕子洞分为一上一下，一干一湿，既可步行从旱路时去，亦可乘舟而入。在洞内分布着三组规模宏大的岩溶景观，共有4万多平方米的游览面积。整个水洞有大小厅堂数十个，景点数百个。

在燕子洞旅游，也许最令人难忘的就是那数十万只小燕子了，它们一边上下飞舞，一边呢喃低语。那“吱吱”的鸣叫声和洞内的流水声一道汇成一曲别致的交响曲，令人浮想联翩。燕子洞是西北地区保护最完好、洞内风景观最丰富、容量最大的溶洞群。

洞中水、洞中洞、洞顶倒挂钟乳石千姿百态，自成独立景点达几十处之多，恍若置身琼瑶仙境，是燕子洞座名副其实的“岩宫石府”。

亚洲最壮观的溶洞

“短嘴金丝燕”

燕子洞主景区在距古镇1.3千米处的富水河中游北侧的汪家大梁主峰下，距水面约80多米处的位置，是寒武系古生时代地壳运动而生成的石灰岩溶洞群，距今已有5亿年的历史；已探明面积2万平方米，号称西北第一燕子洞在富水河峡谷之中，左右有奇峰峻岭，洞前尚有冬暖夏凉的黑龙洞终年流水潺潺，又一奇观。

山岩绿树葱茏，古木缠藤绕葛，树枝莺歌燕舞，田野花草溢彩。燕子洞与长岭大峡谷、岗家古寨、狮子岭、驼峰山、熨斗古镇、灵雀山组成了一个风光绮丽，生态完美、方圆20多平方千米的自然风景区。在神农架有一种“短嘴金丝燕”。这种金丝燕，生活在杳无人迹的万山丛中，它们一年四季，千秋万载，从不离去，不像其他燕子冬季南飞。

灵敏的辨别方位能力

燕子洞，洞深景幽，高约20米，洞内颇宽，可容千人。燕子洞右侧有一偏洞，左侧上端，有一小洞，从半崖中穿出，阳光可照进洞内。洞内钟乳石林立，水滴声如琴，燕巢遍布洞壁。

金丝燕“吱吱”的叫声不绝，冷风嗖嗖。进洞约50米后，便无光亮，越往里走越黑，不到100米，已伸手不见五指。可这些燕子却全然不觉，每当燕子归巢时，简直多得数不胜数。

它们一不会撞着崖壁，二不会互相碰撞，能在黑暗中准确在落回自己的窝中。科学工作者曾做过在趣的试验，将燕子在野外捉住，用黑布或胶布将它的双眼遮严，然后放飞，它们依然能准确无误的飞回洞中，并照样在洞中穿行。

这是为什么呢？原来在它们的身体内部藏有一个类似超声波的精密装置，不用眼睛就可探出前面有无障碍物。同时，它们还具有根据太阳、月亮、星星的位置，辨别出方位的能力。其灵敏度简直达到了令人难以置信的程度。

原来，这种燕子是生活在海洋边的金丝燕。在古时地中海变迁后，海水退去，陆地形地。但由于神农架地质气候的特异，特别是崖洞内冬暖夏凉，其气候环境保持了原海洋性特征，因而金丝燕便遗留下来，世代相传，直到如今。金丝燕和家燕一样，在林间觅食害虫，益处很大。像燕子垭这样的燕子洞，大神农架已发现多处，不过以燕子洞的燕子为多。

燕子洞外观

燕子洞有三组景观

燕子洞在洞内3 000米曲折蜿蜒、高低起伏的游览线上，分布着三组规模宏大的岩溶景观，每一景区各呈现出形形色色的钟乳群，整个水洞大小厅堂数十个，其中最大的达2万多平方米，景点数百个，游览面积达4万多平方米。第一景区“龙泉探幽”，有拔地而起高达34米的“擎天玉柱”，有自江流中涌现的千层莲台，还有“龙女初嫁”、“双象啜饮”、“金毛吼狮”、“瑶台遗址”、“桃源胜境”等数十个景观。

第二景区“天街撷美”。在该景区尽头的洞壁顶部，攀上一个大约6平方米，毫不惹眼的洞口，一个面积约3 000平方米的更高层次的大厅呈现眼前，钟乳景观异常丰富，大面积卷曲石洁白如玉、晶莹透明，绒毛状、针状、管状；悬垂的、横生的、竖长的，纤细精巧的、奇形怪状的、比比皆是，汇集了所有溶洞的精华，人们冠以“水晶宫”的美称。

与第一景区终端紧紧相连，是一条高于河床35米的绝壁长廊，全长250米，面积达2 300平方米，长廊被石柱、石幔、石屏风分隔成若干厅堂，有“倩女迎宾”、“翠盖拥美”、“老宫瑰宝”、“象耳空垂”、“古堡黄昏”、“八仙赴宴”、“老僧望月”、“取经路上”等景点，并有300平方米的休息厅。

第三景区“梦幻世界”距二景区终端120米，是与水洞相连接的一个独立旱洞，洞高40米，呈椭圆形，景区面积达2万平方米。该景区景观集中为燕子洞景观的精华所在，占已发现景观的三分之二。其中突出的有“天鹅戏蟾”、“双螺对语”、“犀牛望月”、“鲲鹏展翅”、“南国椰林”、“璇宫别景”、“龟蛇争雄”、“欧洲大舞台”等奇观异景。

美丽的石壁

洞内悬垂的钟乳千姿百态，美不胜收，令人目不暇接。

水洞游路全长750米，从洞口乘龙舟顺流面下，可饱览沿河的奇观美景，置身于燕子洞宏大壮观的洞腔之中，并直驱第三景区“梦幻世界”大厅。该厅面积为1.3万平方米，大厅右侧置有彩色灯光喷泉和瀑布，燕子洞游客在此犹如身临五彩缤纷的仙境，可翩翩起舞于300万年前的舞厅中，并可品尝到建水的风味小吃，购买各种纪念品。

朱德委员长早在辛亥革命后，任滇军营长驻军建水南校场期间，就游历过燕子洞。离去后作《燕子洞》诗一首：“满岩燕子窝，燕儿舞婆娑。春来秋去也，唯尔子孙多。游客题诗话，农夫禁网罗。洞内新天地，贯通建水河。20千米远，开远露伏波。前曾为匪窟，肃匪动干戈。道人称百岁，香客信无讹。临安风景地，避暑气温和。”

以盛产燕窝而闻名

燕子洞不仅以神奇的钟乳石著称，更以大量的燕窝闻名。以往每到七八月份的时候，攀岩高手就齐集燕子洞采燕窝。这里的高手是真正的高手，90°垂直的岩壁，他们就是徒手爬到洞顶，而且没有任何安全措施。

洞内凉爽宜人，供游客小憩的木椅、石凳比比皆是，还有购物商店、饮食店、咖啡屋、营养美味的燕窝粥，吃完回味无穷。最令人惊叹的是秋天采燕窝，只见洞口上方五六十米高的峭壁上，洞穴密布，形状各异。干柴朽木般的岩片，丛生倒挂，犬牙交错，呈千钧一发之势。这一奇险去处，纵有飞檐走壁本领，也只能望壁兴叹，轻盈灵巧的猴子、野猫也难攀援上去。可这里，偏偏出现人间奇迹。每年秋天采燕窝季节，附近一些青年农民，不知是祖传的绝招，还是苦练的过硬本领，竟能不借助于任何工具，在岩壁上攀登自如，准能采到不少燕窝。

奇异的石笋

人们目睹这一奇迹时，无不胆战心惊，赞叹不已。可他们却镇定自若，临危不惧。每采集一次燕窝，便挂上几块不同颜色的牌子，上书“神明保佑”、“福如东海”、“阿弥陀佛”等带有祈福色彩的字句，给后人留下一份奇特而珍贵的“纪念品”。

金丝燕

一种鸟类，跗跖全裸或几乎完全裸出，尾羽的羽干不裸出。分布在印度、东南亚、马来群岛，营群栖息生活。

霹雳洞（马来西亚）——东方艺术宝库

马来西来国旗

1．华人在马拉西亚开辟的岩洞
2．极具中华文化价值的佛教胜地
3．山顶可360°俯瞰怡保美景
4．东方艺术的宝藏
5．一个神圣、放松的地方

华人在马来西亚开辟的岩洞

霹雳洞是大马名胜之一，来自世界各地的游客到马来西亚，也以到霹雳洞游览为首选，可见名山古洞多么引人入胜。

霹雳洞位于马来西亚怡保市北。洞依山而建，是一个长122米左右的石灰岩溶洞。于民国十五年(1962)由张仙如居士与夫人钟真玉女士开创，张居士原籍中国广东省蕉岭县，壮岁南来，献身佛教事业，抱着荜路蓝缕以启山林之精神，开阔洞天，深得社会人士之信任支持历经50个春秋，完成慧业。居士于民国六十九年(1980)辞世，由其哲嗣青年诗人兼书法家张英杰居士继任住持之职，也就是现在的洞主张英杰。

张英杰是古城会得力的理事及青年组的住持，有很深的文学根基，马来西亚的龙冈亲义总会的会歌歌词，便是他的手笔。

自他的先翁仙如居士逝世后，英杰把霹雳洞扩建得更为幽美壮丽，洞旁建有仙如纪念堂，陈设当代名人书画，另一旁则设素食馆，以便旅客居停，洞中广建楼阁，配合天然的悬钟流石，大洞口里坐石椅中，山风习习，如入清凉世界，大佛前烛影摇曳，三两钟声，真是身处在忘我的境界。

怡保市位于吉隆坡以北约230千米，是霹雳州的首府和最大城市，位于霹雳州的中部，地处坚打河及其支流巴力河东西两岸的冲积平原上，距吉隆坡219千米。怡保市区建筑整齐，街道宽阔，绿树成荫，居民以华人为多，是马来西亚的第三大城市。

郊外石灰岩丘陵耸立于肥沃的冲积平原之上，多峭壁悬崖、洞穴，著名的洞穴有南天洞、东华洞、霹雳洞等。有热水壶温泉和废弃的锡矿场蓄水湖等，是马来西亚重要的景点之一。也是马来西亚最清洁的城市。

怡保是世界产锡最多的地区之一，居民中80%是华人，广东籍居多。

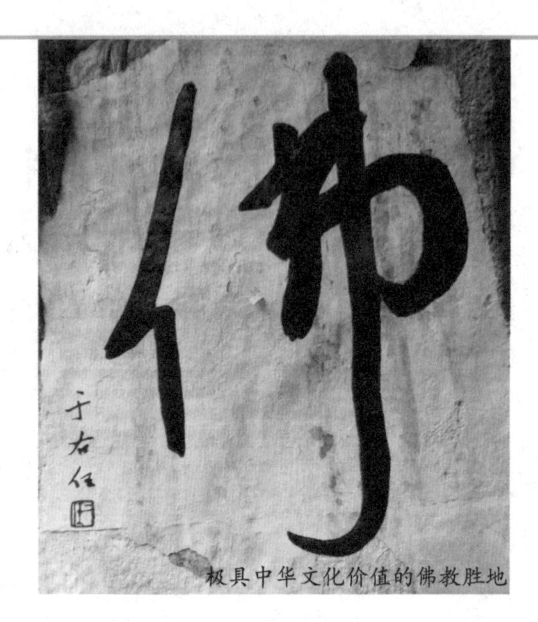

极具中华文化价值的佛教胜地

极具中华文化价值的佛教胜地

霹雳洞高大宽敞，石钟乳密结成团。洞内外的建筑及凉亭的设计古色古香，颇具唐代建筑韵味。每逢下雨流经缝隙的雨水如甘泉洒落，透着光线，就好像花雨飞，构成奇特的景观。

洞前建有崇楼峻阁，一座巍峨的龙头楼耸立于中央，四周中古木参天。洞中石径回旋，连接着大大小小10来个洞窟。正洞中供奉着释迦牟尼坐像，高13米，可能是马来西亚最大的佛像。洞内崖壁上有壁画百余幅，画有十八罗汉及唐三藏西天取经图等等。

另有佛像40多尊，造型优美，形象万千。内洞钟乳石千姿百态，栩栩如生。洞中有石阶通向上部，共385级。沿着一缕光线，人们拾级而上，就可出此洞，登上山顶的“步云”、“环翠”等凉亭，远眺山势起伏，雄伟壮观。

霹雳洞山势巍峨，高达200余米。占地10英亩，洞前楼阁堂皇壮观，依山势建立，洞外有石笋墨林、花园、荷池、凉亭，风景清幽，全山之天然景观及建设，分为八景，蔚为大观。洞中深170余米，宽100余米，高30余米，天然冷气弥漫全洞，其间石径回环，高低不一，怪石嶙峋，形状如龙，如凤，如狮，如象，美不胜收。

15米高的金身坐佛

洞中有佛像40多尊，最引人瞩目者乃高度14米之释尊坐像。其次乃高度12米之弥勒佛坐像，其余佛像皆高达5～6米之间，雕塑精美，栩栩如生，令人肃然起敬。海内外名家题壁书画及楹联，约200幅之多，皆出自于马来西亚，中华民国，星洲，韩国，香港，泰国等名家手笔。

霹雳洞乃最具有中华文化价值之佛教胜地，故有南岛敦煌之美誉。洞内建筑盘旋曲折之石梯穿越后山，山上建立三圣殿及环翠亭与步云亭，是处悬崖峭壁，山谷幽深，风景绝佳，居高临下，远山云树，四面环绕，置身其中，当有超然物外之趣。此外，洞前右畔为“仙如纪念馆”，是纪念已故开山住持张仙如居士，此馆堂皇壮丽，古色古香。

山顶可360°俯瞰怡保美景

山洞里共有550层阶梯，修复前，登山区的阶梯陡峭，现在新建立的阶梯较平坦稳固。在登山区约60层处,有一幅由台湾欧豪年大师为霹雳洞新题的“佛洞生辉”四字。

据说，每年农历在5—7月之间上午，阳光从山洞顶端透过岩石的隙缝折射入洞内，产生阵阵烟雾。曾有工作人员和一些游客发现映入眼帘的竟有罗汉奇景，顿时叹为观止。

“佛洞生辉”这四个字的缘起就是来自洞里的奇景,欧豪年在己丑夏月为该处题字。在它的上方,有块岩石则雕刻着台湾丁治磐将军题的“域外灵岩”,具有20多年历史。

沿着登山区的阶梯往上爬，山顶的凉亭依旧。最前线的花雨亭和最高处的万庄台，不论从前山或后山各角度，皆可鸟瞰怡保美丽景色。穿越石梯后上山,处处都是悬崖峭壁，山谷幽深，风景绝佳，居高临下，远山云树，四面环绕，置身其中，有一种超然物外的畅快感觉。

收集对联最多的地方

霹雳洞是东方艺术的宝藏，在我国多元民族中，正好发扬着华人传统文艺予以欣赏，据英杰世长说：洞前空地，正拟辟曲折栏杆，小湖上设精美亭榭，种植荷花在四边湖上，使名湖古洞更添颜色。在山岩边都有很多书画和对联。据《星洲日报》的报导，洞里有200多幅对联，是马来西亚收集最多对联的地方。

一个神圣、放松的地方

在霹雳洞中，还有一个佛寺，始建于1926年。2009年1月11日，这里发生的石块塌落事故致使霹雳洞佛寺的参观者在2009年一度减少。霹雳洞佛寺主席表示，霹雳洞佛寺已对事故发生地进行了整修，并加固了安全措施，防止再

山顶美景

洞内石壁

次发生悲剧。

以前，每逢假期和公休日，来寺院参观的游客多达20辆旅游大巴。此外，还有许多外国游客到寺院参观。寺院的整修工作共计花费民众捐助的20万林吉特（约合44万人民币）善款。在修葺工程中，为参观者修建了用于攀登500级台阶所使用的扶手，以便大家可以登上山顶的亭子俯瞰怡宝市。

如今，可能对游人造成人身损害的石块也已清理完毕。洞内的壁画和书法由世界著名艺术家共同完成。许多来到这里的人都深有感触地说："这是一个神圣的地方，是一个感受中国文化遗产的地方，是一个放松的地方。"

马来西亚是华人集中聚居地，因此这里的饮食习惯和中国相差不大，马来西亚人民的主要食物是饭米，但面类也相当普遍。华人食物从街边小摊子到酒店中菜馆，从小食到昂贵的酒席，不一而足，任君选择。

小食方面有酿豆腐、虾面、炒粿条、咖喱面、清汤粉、薄饼、海南鸡饭、瓦煲鸡饭、馄饨面、香港点心、肉骨茶、槟城辣沙等，种类繁多。马来人的食物以辣为主，其中较出名的食物有椰浆饭、香喷喷的沙爹（鸡肉、牛肉及羊肉串）、马来糕点、竹筒饭、黄姜饭等。这里汇集了中国、印度、西方、马来西亚本土民族的食物，使得各种风味的美食琳琅满目，任人选择。

弥勒菩萨

又译为慈氏，音译为梅特雷耶，佛教八大菩萨之一，大乘佛教经典中又常被称为阿逸多菩萨，是释迦牟尼佛的继任者，常被尊称为弥勒佛。被唯识学派奉为鼻祖，其庞大思想体系由无著、世亲菩萨阐释弘扬，深受中国佛教大师道安和玄奘的推崇。

古巴地下山洞（古巴）——地壳活跃处的岩洞群

古巴国旗

1．“世界糖罐”的旅游胜地
2．圣托马斯河的冲击和侵蚀
3．古巴发现最早的岩洞
4．恐怖生物遍布的科伦山洞
5．曾被当做地下兵工厂

“世界糖罐”的旅游胜地

古巴是加勒比海上的一个岛国，岛上山清水秀，景色宜人，被称为“世界糖罐”，是西印度洋上最大的岛国，由1 600多个大小岛屿组成，拥有无数天然良港和海湾，素有“百港之国”的美称。

古巴气候暖和，土地肥沃，雨量充沛，适宜多种农作物生长，尤其是甘蔗历来为国家经济的支柱，是世界上按人口平均糖产量最多的国家，也是世界上出口糖最多的国家，被人们称为“世界上最甜的国家”。

古巴风景秀丽，古迹众多，是加勒比地区闻名的旅游胜地。古巴人沿用着历史上西班牙人、西非黑人和华人的传统习俗，相互影响、相互渗透、相互融合而形成一套独具特色的风俗礼仪。

古巴山清水秀

古巴是拉丁美洲著名的旅游胜地。遍布全岛的天然山洞，构成了古巴奇妙的地下世界。这些山洞有的暗廊回转，有的厅堂宽敞，有的动物成群，有的植物茂盛，有的瀑布飞泻，有的湖水涟漪，可以说是千姿百态，千奇百怪。

加勒比海是世界上最大的内海。海区地壳很不稳定，四周多深海沟和火山地震带。

海底被宽阔牙买加海岭分为东西两部分；西部有尤卡坦海盆和开曼海沟，其间被从古巴岛马埃斯特腊山向西延伸的海底山脉所分开，海底山脉露出海面的山峰构成大、小开曼等岛屿。

尤卡坦海盆深度在4 000米左右，开曼海沟平均深度5 000～6 000米，最深点达7 680米。东部被东北西南走向的贝阿塔海岭分成哥伦比亚海盆和委内瑞拉海盆。哥伦比亚海盆平均深度约3 000米，最深处4 535米；委内瑞拉海盆深度平均4 500米左右，最深处5 630米。

牙买加海岭是从海地、牙买加向西南一直延伸到中美的洪都拉斯和尼加拉瓜以东，深度一般在500米左右，其中一半以上深度还不到200米。

加勒比海海底是新生代沉积物，较深海盆和海沟大部是红粘土，海台上是抱球虫软泥，而海底山脉和大陆坡上是翼足类动物软泥。

正是由于这一频繁的地壳活动，才给众多地下岩洞的形成创造了良好的地理条件，古巴的地下岩洞世界也是吸引众多游客来到古巴的重要因素之一。

圣托马斯河的冲击和侵蚀

圣托马斯山洞是古巴最大和最美丽的大山洞。由于圣托马斯河的

圣托马斯山洞

冲击和侵蚀，形成了这条长达15千米的地下洞系。由河流冲击形成的地下岩洞结构复杂，并且随着河流的发展还在不停地发生变化。千百年来，圣托马斯河的冲击力不断影响着周围的地貌产生，连我国的澳门都受到其影响。

圣托马斯山洞全洞由地下走廊构成，洞穴重重叠叠，有的高达5层，层层相通。最底下的一层是圣托马斯河及其支流佩尼亚特河的地下河床。在迷宫似的山洞里，有无数晶莹的钟乳石从洞顶倒挂下来，有的像冰雕玉琢的花朵，有的像银白的胡子，又细又长垂直飘下。

山洞石笋林立

洞壁上布满千姿百态的沉积物，犹如雕刻精美的浮雕，灯光一照，光彩夺目，瑰丽多姿。

洞里有的地方异常宽阔，大理石构成的洞顶和洞壁光滑平整，仿佛是人工造就的歌舞厅。

古巴发现最早的岩洞

贝拉雅马尔大岩洞是古巴最早发现的岩洞，位于马坦萨斯省。1861年，一群华工在马坦萨斯省东南部山丘下凿石挖洞时，无意之中发现了这个巨大幽深的地下洞穴。

地洞深约5千米，洞内有小溪流水、天然桥梁、隧道和回廊，还有千奇百怪的钟乳石和石笋、石花。钟乳石的形状有圆形、十字形、涡形、螺旋形，石花有的像大理花，有的像郁金香。

恐怖生物遍布的科伦山洞

科伦山洞位于卡瓜涅斯角附近的海岸上。洞的外表很难看，洞里声音嘈杂，高温潮湿，是虫、蛇、蝙蝠的聚居地。洞里栖息着数以千计的蝙蝠，天长日久，洞底下积存了厚厚的蝙蝠粪，粪便上长满褐色小蟑螂和白色壁虱。洞中角落里盘踞着许多肥大的蟒蛇，它们以蝙蝠为食，而蝙蝠又以虫为食，虫以粪便为生，它们各取所好，相互依存。

山洞内奇怪的钟乳石

按照常理来说，一般游客不会喜欢这样的岩洞游玩，但是岩洞的神秘和黑暗反而吸引了一部分热爱探险的人来到这里，因此，这个山洞也是游客最喜欢去的地方之一，只是在进入山洞前，必须做好充足的防备措施，以防遇到危险与不测。

美洲最深的山洞曾被当做地下兵工厂

希瓦拉山洞是美洲最深的山洞，深达267米，洞内有8条瀑布和一个小湖。而古巴另一大山洞博克罗斯内山洞，除瀑布、河流外，还有一个水深300多米的大湖。

有些山洞中发现了许多考古文物。在布雷亚山洞中发掘出很多古代印第安人的生活用品。有石球、磨成三角形的石块、用贝壳做成的凿子、带有残痕的乳钵以及人的遗骨。

在卡马圭省的一个山洞中，发现了原始居民刻在洞壁上的图画和遗留下来的平底陶釜的残片。这说明在很早以前，就有人居住在这些天然的岩洞里。

古印度安人是美洲原住民，是对美洲所有原住民的总称。美洲原住民中的绝大多数为印第安人，剩下的则是主要位于北美洲北部的爱斯基摩人。一般传统上，将美洲原住民划归蒙古人种美洲支系。

当欧洲人首次来到美洲时，美洲原住民早已遍布南北美洲各地。美洲原住民所说的语言众多，目前仍然存在的美洲原住民语言约有350个，分属十几个语系，至今没有公认的语言分类。印第安人的祖先移入美洲不是一次，而是分批陆续到达美洲的，又经过长期的不断迁徙与推进，最终散布到美洲全境。

美洲印第安人并不是一个统一的民族，他们进入美洲的时间不同，背景各异，受地理环境、自然条件等各方面的影响，逐渐形成了许多不同语言、不同习俗、不同文化的部落。

印第安人经过2万多年的分化和发展，产生了许多不同的民族和语言。在历史上印第安人曾建立过四个帝国，其中最重要的是北美洲的阿兹提克帝国和南美洲的印加帝国。印第安人中的玛雅人发明了玛雅文字，对天文学的研究造诣也相当深入。印第安人培育出了玉米、马铃薯、辣椒、西红柿、烟草、可可等农作物。

然而，由于后来西方殖民者迫害、杀戮印第安人，毁灭印第安文化，致使现在残存的古代文明材料已经不多，但目前的研究越来越引起考古界的关注，美洲国家也开始下大力发掘古代印第安文化。岩洞中发现的古印第安人的生活痕迹，可以说对此项研究的意义非同寻常。

独立战争时期，古巴起义军曾利用地下洞穴作为隐蔽所、储存物资的地下仓库和生产武器的地下兵工厂，用来打击西班牙殖民者。现在古巴人民开发洞中的丰富资源，利用风景秀丽的山洞发展旅游业，使奇妙的地下山洞变成旅游者的乐园。

原住民

一个地区的原有住民。原住民或土著，是指某地方较早定居的族群，当前对于原住民议题的讨论多半应在民族国家所进行的殖民事业的脉络之下来理解。外来统治者为安抚或控制原住民，以遂行其统治目的，会制订各种不同的政策，而往往对于原住族群的生活方式多加干扰，甚至可能造成灭族的结果。

天鹅洞群（中国）——稀有的地下岩溶博物馆

中华人民共和国国旗

1. 天鹅般的钟乳石
2. 在洞中宛若置身于海底龙宫
3. 相传七仙姑在这里修身养性
4. 首屈一指的天然溶洞博物馆
5. 兼桂林漓江与武夷九曲之胜

天鹅般的钟乳石

说起天鹅，人们都会联想到“优雅”、“圣洁”以及“美丽”等词汇，在我国，就有以天鹅这种优雅动物命名的岩洞群，可见它有多美丽。天鹅洞群是福建省风景名胜区。天鹅洞群风景区以喀斯特地貌岩溶奇观为最。

天鹅洞群因其山形似天鹅，且洞内钟乳石如同天鹅羽毛般洁白而得名，景区由天鹅洞、神风龙宫、大慈岩、石屏洞、水晶洞、山涧一线天等近百个风貌各异的溶洞组成，洞群分布面积约16平方千米，洞内景观幽美、千奇百怪、流光溢彩、水天一色、变幻莫测。

经中国岩溶地质研究所专家实地考察论证，“其溶洞数量之多、分布之密、规模之大，为八闽洞群之冠，堪称中国东南地区罕见的洞群世界”。

洞群中，尤以溶洞地下河水中石林，在国内独树一帜。经中国科学院、中国工程院院士地质专家考察论证为“独特的水中石林、引人入胜的地质奇观”。

地下湖美若仙境

在洞中宛若置身于海底龙宫

天鹅洞群风景区为1991年由福建省人民政府公布列为第二批省级风景名胜区，2004年1月被国土资源部批准为国家地质公园的主要园区。特别是石壁客家祖地祭祖大典活动开展后,慕名前来的海内外游客日益增多，是极富吸引力的旅游胜地。

洞群中尤以溶洞地下河水中石林的景观在国内独树一帜。神风洞又名神风龙宫，是地下河溶洞景观。该洞进口处有阵阵清风喷出，由此而得名。洞内纵深2 500米,有三个洞厅、一个地下湖和一条地下河。

洞内蜿蜒曲折

洞内的三个大厅雄浑壮阔，“金钢守门”、“天龙出巡”、“银钟镇虎”、“济公圆梦”等岩溶景观造型极富韵味。

洞内的地下湖水平如镜，步入湖中的莲花墩上，岩溶倒影清晰，独成一景。洞内最具特色的游览项目是泛舟于数千平米地下河水域，水中是岩溶倒影，洞顶密集的钟乳石上挂着晶莹的水珠，让人有如置身于海底龙宫，为景区一绝。

相传七仙姑在这里修身养性

景区位于宁化县城东部28千米处湖村镇，相传远古时，天上有七位仙姑共乘一只天鹅下凡，来到此地的“蛟湖”洗浴嬉闹，被一位年轻的农夫收起了她们的彩衣，仙姑们含羞隐入湖底，此刻回归天庭的时辰已到，在岸边等候的天鹅四处寻找都未见仙姑们的芳踪。

情急之下，天鹅卧地化成一座石山，待仙姑们从湖底出来却见天鹅已化为石山，而石山中有阵阵仙气从一洞口飘出，她们便鱼贯入洞，发觉这洞府虽不是天庭却胜似天庭，于是便留在洞内修身养性。从高空鸟瞰，天鹅山形似一只展翅的天鹅，而天鹅洞内的七个洞厅，据说是每个仙姑各居一厅。

传说是美丽的，现实的溶洞景观却更加美丽壮观。据地质学家考证，约3亿年前，此地是汪洋大海，经过5 000多万年的地壳运动影响之后，这里由海洋逐渐抬升为陆地，在上升过程中，石灰岩地层形成了许多空隙，千万年来地表水带着二氧化碳和植物酸渗入这些空隙中，不断冲刷溶蚀，使隙缝扩大变形，从而形成了众多的溶洞。

同时，又由于该地森林茂密，贮水丰富，含有植物酸的水滴能不断地溶解洞内的石灰石。因而，该洞群的钟乳石发育特别丰富完美，分布亦特别密集。故专家学者称这里为“中国沿海省份中典型的喀斯特地貌区”。

首屈一指的天然溶洞博物馆

天鹅洞是洞群中最具代表性溶洞之一，它以洞内钟乳石丰富密集，岩溶造型奇特精巧、种类繁多被福建省旅游资源科学考察组专家称为“福建省首屈一指的天然溶洞博物馆”。

钟乳石形态各异

天鹅洞洞内钟乳累累，石笋林立，有从40米高处一泻而下气势磅礴的石瀑，亦有精巧玲珑如精雕细琢而成的石珊瑚，有石松参天的陡峭山峰，有玉树倒影平静的天鹅湖……置身其中，令人流连忘返。

兼桂林漓江与武夷九曲之胜

神风龙宫洞洞长2.5千米，由一条地下暗河和三个旱厅组成。该洞以长1千米、水域面积约2万平方米的地下河为特色，地下河又以“水中石林”地质奇观为亮点。

地质学家断言：“如此浩瀚的地下河目前在福建省内绝无仅有”，而“地下河水中石林地质奇观更为世界罕见、中国仅有”。

神风龙宫各洞厅壮阔雄浑，如同一幅幅泼墨淡彩的大写意，这与那精巧玲珑，有如秀丽的工笔重彩画般的天鹅洞迥然不同，让人耳目一新，游兴倍增。

洞中的地下河幽深迷离，泛舟荡桨观赏洞景，但见河顶布满珍奇的岩溶“鹅管”，“鹅管”上的晶莹水珠如漫天繁星。更有岸边奇景，“雪瀑冰峰呈异彩，琼花玉蕊竞芳菲”。疑是水晶宫却胜似水晶宫。

这里，可谓兼桂林漓江与武夷九曲之胜，但又别有洞天。泛舟河内，宽处如浩瀚西湖，窄处又如蜿蜒曲折、奇险的长江三峡。那伫立于河面上的水中石林，成群成片，规模宏大，造型各异，如鸟似兽，如人似物，千姿百态。船行其间，手可触摸光滑如玉的石林石芽。

景色秀丽有如工笔重彩画

抬头仰望，河穹挂满钟乳石，有如漫天繁星。俯首观水，七彩石林倒映其中，如龙宫仙境，更似“海上桂林”——越南下龙湾。

它幽，可谓幽深莫测。它风平浪静、水天一色，时而怪石险阻疑无路，时而峰回水转豁然通；它奇，奇在这峭岸悬壁那粗旷的阳刚之美，奇在这浩瀚的水面气壮不凡，奇在那古老神话与现实景观如此的珠联璧合、水乳交融；它险，险在峭壁似屏、气势磅礴、突兀平削、纵横交错、神秘莫测；它秀，秀在这圣水长流、绿韵盎然，如幻如梦，一往多情，纯得透底、艳得心碎，秀在这十里画廊看不够，如世外美景，美不胜收、令人心醉。

在天鹅溶洞群边上是客家风情园，掩映在青山绿林间，路旁的奇石怪树，形如天然的盆景。那粗壮的根系扎入巨石缝隙中，显示了客家人顽强而旺盛的客家精神。

风情园内的石屏洞洞厅内有一支客家妹子乐队在演奏客家古曲，进得洞来，只见一排钟乳石像屏风一样把洞厅隔成前厅和后厅。

游客坐定，客家古乐、舞蹈骤起，芦笙悠扬，舞姿优美，欢快的旋律在洞厅中回荡，所产生的溶洞

怪石美景气势磅礴

共鸣效果是其他任何地方欣赏不到的。这里客家风情古朴浓郁，客家擂茶茶艺展示、客家民俗饰物展览和苗、壮、彝、瑶、侗、黎少数民族风情表演等丰富多彩、异彩纷呈的客家节目令游人留连忘返。

石芽

溶沟间突起的石脊称石芽。石芽有裸露的，是由于地表水活动的结果；也有埋藏的，是地下水活动参与的结果。

24 塞班岛蓝洞（美国）

——最美丽深渊的蓝色大洞穴

美国国旗

1. 塞班最著名、难度高的潜水地点
2. 天然洞穴与太平洋相连
3. 它的洞顶可以容纳一座教堂
4. 这里的天然游泳池可以通向海洋
5. 地球上最美丽的深渊

塞班最著名、难度高的潜水地点

蓝洞，听起来似乎深不见底，实际上你更可能被它神秘莫测的海底魅力所深深吸引。蓝洞巨大的钟乳洞穴甚至可以容纳一座教堂，每当日影西斜，岩洞的阴影投射在水面上，这里便成海中鱼儿们的游乐场。你何不快点潜入水中，与它们一同嬉耍，尽情享受潜水之乐！

蓝洞在塞班岛的东北角，是塞班最著名、难度高的潜水地点，这里常可看到潜客们在此练习下水。

东北角的地质是珊瑚礁形成的石灰岩，蓝洞最神奇之处，就是石灰岩经过海水长期侵蚀、崩塌，形成一个深洞，水深达到17米，最深

塞班美丽的海底

处达到47米，蓝洞与外海有3条相连的水道，光线从外海透过水道打进洞里，蓝洞水池内能透出淡蓝色的光泽，相当美丽。

从太平洋海底最深处拔地而起的巨大山脉群形成了现在的马里亚纳群岛，而塞班、天宁两大列岛则是当时的火山喷发口，后来被珊瑚礁岩和石灰岩覆盖了。

塞班岛蓝洞

塞班岛以富有变化的地形以及超高透明度的海水令潜水族们得以尽展身手，被誉为目前世界第一潜水圣地，难怪有人感叹：“没有游过蓝洞，枉到塞班岛！”

天然洞穴与太平洋相连

位于塞班岛的东北角的蓝洞是与太平洋相连的天然洞穴，地质是由珊瑚礁形成的石灰岩。蓝洞最神奇之处，就是石灰岩经过海水长期侵蚀、崩塌，形成一个深洞，海水透过洞底3个水道，将深洞灌满了深蓝色海水，水道能通到外海，所以蓝洞水池内能透出淡蓝色的光泽，著名的蓝洞就是这样来的。蓝洞被《潜水人》杂志评为世界第二的洞穴潜水点。喜爱潜水的你能在这里得到极大的享受。

蓝洞外观看起来像张开嘴的海豚，内部是一个巨大的钟乳洞，是因为海水的侵蚀作用而形成的天然洞穴。沿着悬崖向下103步，潜水者就会来到一个巨大的地下洞穴，它的球状顶壁甚至可以容纳一座教堂。

清晨5点去潜水，你一定会碰上各种各样的海龟、鲨鱼以及金枪鱼。海水清澈见底，吸引了许多潜水迷在此流连忘返。由于岩石的阴影投射吸引了更多的水下生物，各式各样五颜六色的热带鱼、海龟、魔鬼鱼、海豚、水母、海胆……海底的世界比陆地还要精彩斑斓！

它的洞顶可以容纳一座教堂

蓝洞是一个由珊瑚礁形成的石灰岩深洞，经过海水长年累月的腐蚀，洞底产生了3条狭长的水道，和太平洋相连。来自深海的蔚蓝海水灌入水道中，使洞内的池水也散发出淡蓝色的光泽，灵动而美丽，蓝洞的名字亦因此而来。

从外观上看，蓝洞看起来就像一条张开嘴的海豚，沿着阶梯向下走103步，潜水者就会来到一个巨大的天然钟乳洞穴。它的球状顶壁甚至可以容纳一座教堂。

珊瑚礁是石珊瑚目的动物形成的一种结构。这个结构可以大到影响其周围环境的物理和生态条件。在深海和浅海中均有珊瑚礁存在。它们是成千上万的由碳酸钙组成的珊瑚虫的骨骼在数百年至数千年的生长过程中形成的。

珊瑚礁为许多动植物提供了生活环境，其中包括蠕虫、软体动物、海绵、棘皮动物和甲壳动物。此外珊瑚礁还是大洋带的鱼类的幼鱼生长地。珊瑚从古生代初期开始繁衍，一直延续至今，可作为划分地层、判断古气候、古地理的重要标志。珊瑚礁与地壳运动有关。

正常情况下，珊瑚礁形成于低潮线以下50米浅的海域，高出海面者是地壳上升或海平面下降的反映；反之，则标志该处地壳下沉。因而塞班岛蓝洞的形成经过的长久的历史，与珊瑚礁的发展密切相关。

晨光初现或夕阳西下时是在蓝洞潜水的最佳时机。岩石的阴影投射吸引了各式各样的海洋生物到洞内“观光”。色彩斑斓的热带鱼、

蓝洞直通太平洋

美丽的海底

对于潜水者来说，这将是一次无以伦比的体验。喜欢热闹的游客不妨前往超级水上乐园，游一圈要花上15分钟的河流式泳池、刺激的冲浪池、人造海浪等相当过瘾的水上活动设施，还有有趣的水中有氧运动、水上排球等五花八门的玩水招式。

除了浮潜和潜水，游客还可以选择钓鱼、冲浪、直升机、乘船海钓、丛林探险、潜水艇、水上降落伞等各类水上活动。此外，塞班岛更设有4个世界级高尔夫球场及两个小型高尔夫球场，都融合了塞班岛的热带美景，环境优越，是球手极富挑战性的场地，适合不同程度的高尔夫球手。

体型庞大的海龟、巨大而行动迅捷的魔鬼鱼、善解人意的海豚……一一出现在澄碧清澈的海水中，令蓝洞仿佛成为这些海底居民的游乐场，让喜爱自然的潜水者们流连忘返。

这里的天然游泳池可以通向海洋

塞班岛上有10多个潜水胜地，其他潜水地点包括有着大量章鱼出没的翅滩；B-29潜水点则有着一架日本水上轰炸机、机关枪塔楼和爬满了珊瑚的发动机；黑珊瑚潜水点有着大量受到高度保护的黑珊瑚。一小群特有的海豚在这片水域巡游，为那些想去这片特殊水域的潜水者指引方向。

蓝洞里面还有两个天然的游泳场，通过海底通道连接外部海洋。

地球上最美丽的深渊

塞班岛是北马里亚纳联邦的首府，位于东经145°，北纬15°的太平洋西部，菲律宾海与太平洋之间，西南面临菲律宾海，东北面临太平洋，包含15个岛屿，与位于其南部的关岛共称马里亚纳群岛。

由于近邻赤道一年四季如夏，风景秀美，是世界著名的旅游休养胜地。身处塞班，背倚热带植被覆盖的山脉，透过道路两旁的郁郁葱葱的椰树展示在你面前的是迷人的蓝绿色菲律宾海，故有“身在塞班犹如置身天堂”之说。很少有旅游目的地可以提供所有旅游者的所有要求，塞班就是其中之一。

世界级的购物、餐饮、观光、活动在这里是惊人的丰富和不同。全岛长约19千米，宽约9千米。其中原住居民（持美国护照公民）3万人，包括美国人和当地土著人，其他均为外来工作者和投资人，包括日本人、菲律宾人、韩国人、孟加拉人、泰国人和中国人，其中菲律宾人约1.5万人，中国人约3000人，韩国、日本人约1000人，其他人约1000人。正是由于有众多的中国人，所以中国的食品、饭店、商店遍布全岛，给中国人的居住、饮食带来了便利。

塞班岛属太平洋边缘地带。北马里亚纳群岛气候舒适宜人，全年阳光充沛，空气清新，水清沙幼。年平均温度在27℃左右，是旅游度假的天堂。

塞班的海滩从西一直延伸到南，东部海岸多石且凹凸不平，北部海岸则是陡峭的悬崖。这个岛屿长23千米，宽8千米，游客可以从容的在岛上进行全天的丛林探险，当然，全世界的潜水爱好者最想挑战的还是蓝洞，被誉为地球上最美丽深渊的蓝色大洞穴。

珊瑚礁

是石珊瑚目的动物形成的一种结构。这个结构可以大到影响其周围环境的物理和生态条件。

在深海和浅海中均有珊瑚礁存在。它们是成千上万的由碳酸钙组成的珊瑚虫的骨骼在数百年至数千年的生长过程中形成的。珊瑚礁为许多动植物提供了生活环境，其中包括蠕虫、软体动物、海绵、棘皮动物和甲壳动物。此外珊瑚礁还是大洋带的鱼类的幼鱼生长地。

斯泰克方丹化石洞（南非）——“人类摇篮”的遗址

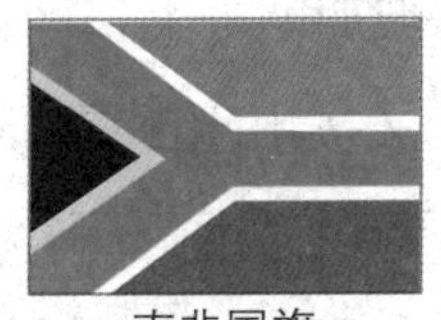
南非国旗

1. 非洲原始人类化石最丰富的地区
2. 著名的“普莱斯夫人头盖骨”
3. 269万年前这里是一片长廊林
4. 世界上最古老的人类先祖骨架
5. 非洲南方古猿标本的发现地

非洲原始人类化石最丰富的地区

斯泰克方丹化石洞位于距约翰内斯堡(南非东北部城市)大约50千米的一座山头上，距离山顶不足10米。化石洞主体下面是一片辽阔的地下洞群。这些洞群以浑然天成的地下湖泊和千姿百态的钟乳石、石笋而享誉四海。

斯泰克方丹化石洞是由地下水位之下的白云石溶解于水后沉积而成的，它被认为是非洲原始人类化石最丰富的地区之一。

现在由于地下水位的下降，游人们在通往地下湖泊的大厅里即可慢慢品味这大自然的杰作。

“人类摇篮”遗址

著名的“普莱斯夫人头盖骨”

1896年一个意大利承包人在此开采石灰石，才使得斯泰克方丹石洞见诸于世。人类学家和考古学家共同认为第一批人类就诞生在非洲的这一地区，然后从这里扩展到全世界。1936年8月17日罗伯特博士首次发现了非洲南方古猿的成人头盖骨（距今260~300万年）。此后他又与约翰博士共同发现了许多类人猿骨骼以及已灭绝的锯齿猫、猴子和羚羊的化石。1947年，他们发现了著名的“普莱斯夫人头盖骨”。

1956年在形成时期较晚的石洞里，石制工具第一次走进了人们的视野。按照形成年代的顺序，洞中的这些化石被加以分类整理；同一时期的化石，又按出土顺序加以排列。

斯泰克方丹石洞为我们架起了一座一瞥原始人类生活的桥梁。在这片土地上，已发现了数以百计的300~260万年前的人类化石及成千上万的其他动物的体骨和牙齿化石，这一数量在非洲出土的南猿化石中首屈一指，吸引了世界各地的科学家们前来考古研究。

260万年前这里是一片长廊林

树木在二三百万年的“年轻”地层里可以形成化石的堪称奇迹，但在斯泰克方丹化石洞却发现了300多个树木化石的断片。将其与现代植物比较研究之后，可以断定260万年前斯泰克方丹曾经生长着一个长廊林，边缘地带则是一片辽阔的稀树大草原。

1890—1900年间斯泰克方丹和科罗姆德拉伊地区一直被用来开采

石灰石，一些能进入的化石洞里的钟乳石和石笋要么被抢劫一空，要么随着采石的爆破声灰飞烟灭。如今因为第二次荷裔南非人战争和开采石洞的难度及相应的费用越来越高，斯泰克方丹和科罗姆德拉伊的化石洞才得以喘息。

科罗姆德拉伊化石洞高40米，长125米，宽50米，它不像大多数对世人开放的石洞那样，也许只有这里会让你体验到真正“体面”的洞中旅行。

游人穿过洞口时无须弯腰，沿着砌好的楼梯可以进入位于地下22米的电梯，而从电梯中走出来时，游人们已经到达地下40米处了。科罗姆德拉伊化石洞目前仍处在活跃状态，里面的许多形成物正以每100年1毫米～10毫米的速度生长。

科学家们估计该洞已有22亿年的历史，洞中75%的形成物历经沧桑而至今完好无损（其余25%遭人为破坏）。该化石洞中的平均温度为16℃，空气湿度终年保持在80%～98%之间。为了避免游人妨碍和破坏化石洞形成物的生长，该地的自然保护组织制定了严格的规章制度。游人必须由训练有素的导游带领方可进入石洞。

世界上最古老的人类先祖骨架

斯泰克方丹化石洞在1999年被列入世界遗产名录的“人类摇篮”遗址，这里发现的人类先祖化石约占全球总数的一半，为探索人类起源提供了重要线索。“人类摇篮”是系列考古遗址的总称，其中最著名和最重要的是斯泰克方丹岩洞。

全南非以迷人的风光和多彩的文化每年吸引游客800多万人次前来观光。在南非众多旅游胜地中，“人类摇篮”遗址成为各国游客争相参观

头骨化石

的热点。南非“人类摇篮”遗址出土有三件举世闻名的人类先祖化石：一是1997年出土、距今约330万年的南方古猿“小脚”化石。它被称为是目前世界上最古老的人类先祖骨架。

二是1947年出土的“普莱斯夫人”头骨化石，距今260万～280万年。它是首例完整的成年南方古猿非洲种头骨化石。三是1924年出土的“汤恩幼儿”南方古猿头骨化石，距今约200万年。其中“小脚”化石和“普莱斯夫人”头骨化石都是在斯泰克方丹岩洞发现的。

斯泰克方丹岩洞是一个发育于白云岩中的喀斯特溶洞，分地上和地下两部分。岩洞地上部分为原洞穴顶部塌落后被侵蚀而成，地下部分有暗河和支洞。

非洲南方古猿标本的发现地

作为世界上南方古猿化石最丰富、年代最古老的遗址，斯泰克方丹岩洞迄今已发掘出600余件人科化石、9 000余件石器和丰富的动物化石。其中，“小脚”化石为20世纪末古人类学最重要的发现之一，在全世界引起轰动。为便于保护，“小脚”化石迄今尚未充分发掘，仍原样保留在岩洞石壁之中。

斯泰克方丹岩洞地上部分的发掘工作仍在进行。

紧傍“人类摇篮”考古遗址而建的玛罗彭展览馆是“人类摇篮”遗址的史料中心和展示中心。“玛罗彭”为当地塞茨瓦纳语，意为“返回起源地”。这里陈列有各类化石的原件或复制品。

展览馆最高处距地面20米，最宽处达35米，总体呈泪珠状，以地下建筑为主。其入口处设计为古墓形状，出口处则是现代风格建筑。展览馆运用现代科技和声光电等综合手段，调动人体多种感官，使你切身感受人类诞生、进化和发展的历史。

岩洞内怪石耸立

玛罗彭展览馆的标识是一对醒目的脚印，其背景是以非洲版图为主的地球，取意人类祖先从“人类摇篮”发源走向世界。

据悉，“人类摇篮”遗址每天接待游客约3 000人次。被联合国教科文组织（简称UNESCO）列为世界文化遗迹的斯泰克方丹洞穴，此洞穴由六个小穴组成，穴下有一片地下水，传说具有特殊的医疗效果。黄金矿脉城，城内展现19世纪末时期淘金的风貌，游客在此可看到旧式的酿酒厂、洗衣房、裁缝店等。亦保有昔日开采黄金矿之一切设备，游客可搭乘吊车深入地下200多米的矿坑内，可实际体会黄金开采之情景，既能感受矿工生活的经历，又可观赏铸金表演。

斯泰克方丹化石洞中发现的化石为人类展示了350万年里演变的科学信息，人类的生活、与人类共同生活的动物以及那些被人类作为食物的动物。这里还保存了许多史前人类的特征。斯泰克方丹遗址包括一个特别大并且在科学上具有重要意义的遗址群，有助于了解人类祖先的早期情况。

这里蕴藏着丰富的科学信息，有着巨大的潜力。汤恩头骨化石遗址，是1999年评定的遗产的扩展部分，这里是1924年著名的“汤恩幼儿”头骨——非洲南方古猿标本——的发现地。

马卡潘山谷，亦在这项遗址中，特点在于这里有许多考古洞穴的痕迹，人类的居住和进化可追溯到330万年前。该地区蕴含了界定人类起源和进化的基本要素。化石的发现使几个早期的原始人标本得到识别，特别是南方古猿可追溯到450万～250万年之间，也证明在180万～100万年前人们已经能够使用火。

淘金

淘金，指淘金者们打捞起河里或湖里的淤泥后，在淘盘将淤泥洗涤，以便找出淤泥里的天然金沙。淘金曾是众多冒险家眼中的致富手段，历史上曾经掀起过几度的淘金浪潮。

香港海蚀洞群（中国）
——基岩海岛中的海蚀洞群

中华人民共和国国旗

香港特区区旗

1．隧道形洞穴
2．香港东部最出色的海蚀洞穴
3．横洲角洞令人望而生畏
4．可乘小舟进入参观的鹤岩洞
5．有些洞穴东西相通

隧道形洞穴

香港海蚀洞群

大约在10亿年前，华夏古陆块从山东向南延伸，直到北部湾。后来，大约2.5亿年前的中生代时期，发生了强烈的造山运动，所谓燕山戢化岗岩四处侵入，奠定了华南古陆的大体格局。

第四纪时期(300万年前至200万年前)，地壳又发生一系列的新构造运动和海平面的大幅度升降，终于集结南沿海曲折的海岸线和众多的基岩海岛。香港岛也是由于海水侵淹以后，才脱离大陆而成岛屿的。

我国南海之滨的香港，位于珠江口外侧，被世界各国的旅游者誉为“东方之珠”。

处于热带与亚热带交界地带的香港，气候是全年温热的。大致冬季略为凉爽而干燥，夏季炎热而潮湿。香港全年的降雨量平均为2 225毫米，其中大部分集中于5月至9月份之间，6月份是全年降雨最多的时节。一般在9月份，香港地区多有可能受到台风侵袭。所以，一般人认为，每年的11—12月份天气最好，轻风拂面，气温适中，阳光灿烂，是旅游的“黄金季节”。

香港是一个自然美与人工美高度结合的现代化海滨大都市，逶迤的海岸线提供了众多的海滩、港湾、海蚀洞穴和各种奇石怪岩的发育基础。

香港地区拥有海滨浴场多达41处，一到夏季，数以万计的游客前来海滩浴场游泳，许多帆板滑水爱好者则乘风破浪，尽情戏水，享受着南海特有的厚爱。弹丸之地的香港，更有许多风景名胜，如闻名于世的海洋公园、众多郊野公园、深浅水湾、大浪湾及许多岛屿和繁华的街景、无数的游乐场所等，使香港的观光旅游业名列世界前茅。

中国香港地区的基岩岛颇多，这么多的基岩海岛之中，不仅有良好的沙滩海港，也有许多的奇石怪岩，前者为泥沙堆积而成，后者则海浪长期冲蚀的结果。

海蚀洞是在海崖底部的水平向及隧道形洞穴，位于涨潮与落潮之间，破坏性波浪不断冲击海岸，位于涨潮与落潮之间、满布弱线的岩石，受干湿交替、水力作用、溶蚀作用和磨蚀作用的磨损而成。

香港有许多海蚀洞，这些海蚀洞的形成是海水不断冲击山丘，将岩石冲出一条小巷而形成的。

香港较著名的海蚀洞有吊钟洞、水帘洞、横洲角洞、鹤岩洞 等。看

形态优美的海蚀洞

了海蚀洞，你会觉得大自然是如此的妙不可言，并为这浑然天成的杰作赞叹不已，流连忘返。

基岩岛就是由基岩构成的岛屿，占中国岛屿总数的90%以上，它们受新华夏构造体系的控制，多呈北至东方向，以群岛或列岛形式作有规律的分布。

台湾岛和海南岛是中国两个最大的基岩岛。基岩风化作用发生以后，原来高温高压下形成的矿物被破坏，形成一些在常温常压下较稳定的新矿物，构成地壳表层风化层，风化层之下的完整的岩石称为基岩，露出地表的基岩称为露头。基岩岛上就大面积地覆盖着这种基岩。

香港东部最出色的海蚀洞穴

水帘洞飞鼠岩是香港地区东部众多洞穴中最出色的一个海蚀洞穴。它位于清水湾半岛的大环头，是一个长度达60多米的大洞穴。因洞口常年滴水，尤当雨后，则洞前水帘悬挂，堪与连云港花果山的水帘洞相媲美。洞口时常有蝙蝠（飞鼠）飞进飞出，故得其名。

水帘洞之前有暗礁，小舟抵此，游人登陆而进洞内。逐级而上，妙趣渐生，再望洞口，景色尤美。当潮水退去，右边还有一洞，高不过1米许，深则达十几米，自内向外望去，太阳光从外面投射进来，使得逆光下的洞中景色，变得更加奇形怪状，妙不可言。

另外，香港地区的奇石怪岩也颇多见。在平洲，由于发育微细纹

奇石怪岩

理的页岩，深浅颜色相间，在浪花的“雕蚀”下，会形成各种奇异的形态。如平洲洲尾的“断头崖”，宛若两道层层重叠而成的城墙，矗立在其中；“更楼石”更是奇异，它宛若两座页岩叠成的高台，像古代的钟楼一般，蔚为壮观。

奇异美景

此外，在北果洲也有许多千姿百态的奇石。如“大炮石”，形若一门加农大炮悬在崖上，惊险万状。

横洲角洞令人望而生畏

横洲角洞是另一处海蚀洞，位于瓮缸群岛横洲。横洲角洞状若半月形，洞高达20余米，宽6米余。洞口左边还有一个小洞，洞之通道十分狭窄，仅容一小型橡皮舟通过。

洞道虽狭小，浪流却湍急，故横洲角洞内的景色要比吊钟洞更险些。瓮缸群岛另外还有两洞，一名为沙塘口洞，一名为榄湾角洞。前者位于峭壁洲南端，高10余米，洞旁有高约30多米的海崖陡壁，险峻异常。

此洞十分狭窄，舟行其中，宛如在小巷行车，两壁可触。后者位于火石洲东南部的岬角处，其状如关公青龙偃月刀横卧地上，故又得名关刀洞。榄湾角洞高16米许，宽3米余，洞顶岩石裂缝较多，令人望而生畏。此洞又面临南海，外无屏障，以挡波浪，故洞内浪凶潮急，不易进入。

可乘小舟进入参观的鹤岩洞

鹤岩洞洞口高深宽广，由于海浪的冲蚀，一进鹤岩洞内，便是一个大厅，再深入20余米，方是一条狭窄的通道。洞中有各种开头奇特的礁石以挡波浪，乘小舟可缓缓进入观赏，但一旦落潮时，则小舟搁浅无法前往。

在其右边又有一修长曲折的小岔道，自此继续深入，洞口自然光亮渐渐弯弱，洞内变得黝黑起来。临近洞底，又分两岔道，洞内多卵石，此时需涉水俯身才能抵达洞底。

有些洞穴东西相通

吊钟洞是港区著名的一个海蚀洞，它位于溶西洲之南的吊钟洲南端。由此洞之名，便可推测其必像一口巨大遥吊钟一般，亲眼去观赏，方觉十分逼真。其洞高约3米，深约16米，小船可以穿梭来往，接送旅游者自钟耳处进入洞内。

洞内圆石成滩，可涉水登临。卵石大小不一，大者如碗，小者如卵，在波浪的长期冲磨下，表面十分光滑，游人至此，拾上几颗带回家去，可作纪念。

南果洲南部有两个东西相通的海蚀洞，一名为通心洞，一名为天梯洞。两洞均是由西向东延伸。通心洞是南果洲的一个最大的海蚀洞穴，洞高近10余米，上窄而下宽，呈三角状。天梯洞高约13米，西边入口处地势较高，向东进洞后便渐渐倾斜，至东边洞已濒临水面。

迷你知识卡

新构造运动

主要是指喜马拉雅运动（特别是上新世到更新世喜马拉雅运动的第二幕）中的垂直升降。一般来说，新构造运动隆起区现在是山地或高原，沉降区使盆地或平原。地质学中一般把新世纪和第四纪时期内发生的构造运动称为新构造运动。

革命岩洞（老挝）——隐蔽在地下的“城市”

老挝国旗

1．老挝和越南的“地下城市”
2．亚洲最穷国家的岩洞政府
3．来自中国的表演在当时最受欢迎
4．岩洞医院的地上还有革命时期的针头
5．原汁原味吸引背包客

老挝和越南的“地下城市”

在老挝东北部的华潘省有一座神秘的“地下城市”万寨。此处位于老挝和越南的边境地带，上世纪六七十年代，有超过2.3万老挝革命者生活在这里，在美军的狂轰滥炸下坚持战斗。战争结束后，老挝人民革命党将这里视作革命圣地，但只对内部开放。

1964年老挝联合政府解体后，老挝爱国阵线在华潘省省会建立解放区。美国此时正在进行越南战争，老挝人民解放军支持北越共产党的抗美战争。

华潘是通向越南的天然关口，许多国际援助物资通过这里，源源不断地输送到越南，这里由此成为“胡志明小道”的组成部分，因此受到了美军轰炸，解放区不得不“钻入”地下，万寨的天然岩洞就成了最好的避难所。

老挝人民民主共和国，简称老挝，是中南半岛上的唯一一个内陆

国家，其国土分别与泰国、越南、柬埔寨、中国、缅甸接壤。它也是东南亚地区中仅有的两个社会主义国家之一，另一为越南。

它在历史上曾是真腊王国的一部份，13—18世纪是南掌，之后受暹罗和越南入侵，1893年沦为法国保护国。老挝是东南亚国家联盟成员，也是亚洲第二贫穷国家与世界低度开发国家之一，饮食上接近泰国。该国工业基础薄弱，以锯木、碾米为主的轻工业和以锡为主的采矿业是最重要部门。

金三角中的老挝部分的琅南塔曾经是全世界出产鸦片最多的地方。老挝于1997年7月加入东盟。

亚洲最穷国家的岩洞政府

亚洲最贫穷的国家是老挝。老挝，这片土地，公元1353年由法昂王朝建立澜沧王国，18世纪初叶分裂成为琅勃拉邦、万象、川圹、占巴色四个王国，19世纪起渐渐被暹罗（泰国）统治，其后又两次沦为法殖地，最后在1975年宣布成立民主共和国，首都是万象。

在上世纪60年代，老挝游击队员在这些偏远的“隐蔽山谷”里抗击美国的狂轰滥炸。当时的老挝革命领导人于1964年在这些山洞里建立了基地，并将指挥中心迁于此地。整个地道系统还包括密封的紧急避难室。

这些景观让游客很震撼，美国游客帕米拉斯维尼说：“神奇的是，人们竟然可以真的居住在那里，还能开会，制定他们的计划，并且在洞穴里成立了一个政府。”

老挝的革命者依靠天然的地貌，对岩洞进行了扩建和改造，把一个个岩洞变成了会议室、医院、学校、商店、剧场等，这里就像中

老挝街景

国的延安一样，成了老挝解放区的政治、经济、军事和文化中心。

来自中国的表演在当时最受欢迎

解放区与中央政府对抗，必然地处偏远地区，万寨也是如此。从万象出发，坐长途公共汽车，经过25个小时的颠簸才能到达。作为长期高度保密地区，万寨是近年才决定开放的。

革命岩洞所在地万象是老挝首都，紧紧傍依在湄公河左岸，市区由西向东和向北伸展，宽阔的滨河大道横贯全市。街道两侧，椰子、香蕉、槟榔、龙眼、凤尾、洋槐等高矮植物交错生长，相映成趣。万象市隔着湄公河与泰国相望，每到枯水季节，湄公河的大半个河床的浅滩便会显露出来，中间仅剩下一条小小的溪流，人们可以涉水走到泰国。作为一个国家的首都，由市区可以如此方便地到达邻国，这在世界上是少见的。

万象市区背面，是著名的老挝中寮万象平原，苍郁的森林构成了一道天然的屏障。城内现代化建筑物掩映在一片绿树和花卉丛中，这些建筑群，增添了万象的景色；郊区多是用几根长柱支撑起来的老龙族人传统风格的木楼和竹楼，房前屋后常以树木或栅栏圈成一个或大或小的庭院，在气候炎热的老挝，住在这种房屋里，倍感凉爽与舒适。

万象之都——老挝

老挝气候属于热带和亚热带类型，境内大象很多，向来就有“万象之邦”的称号。

这些开放的岩洞都保持了当时的原貌，从中可以想像当时人们的战斗和生活情况。革命期间，老挝人民革命党总书记、主席、印度支那共产党、旅越老挝侨民的反法运动领导人之一凯山·丰威汉和中央

革命岩洞内部

政治局成员都在这里。这些领导人住的5个岩洞顶部做了扩展，并做了防水处理。

大洞被分隔成小间，洞壁用白石灰刷过，人只能睡在吊床上。凯山当年的起居室里，摆着一张木桌和7把椅子，洞壁上还挂着一幅地图，上面标示着美军控制的区域。

桌上摆放着一尊列宁的半身石膏像，还有中式的暖水瓶。起居室后面是紧急避难室。如果受到毒气弹袭击，人们就进入紧急避难室，里面还有苏制的空气泵，用手摇就能把毒气排出洞外。

岩洞中最大的一个叫“象洞”，是一个最深处达300米的自然岩洞，最多可以容纳2 000人。岩洞有着相对平整的地面，其中一端建了个半圆形的舞台。当年这里用作大型会议室和士兵训练场，同时也是最受大家欢迎的剧场和电影院。

在此经常上演的是社会主义兄弟国家的电影和戏剧，其中来自中国的表演最受欢迎。在一刻不停的轰炸中，哪怕是短暂的娱乐，也能给这里的人们带来无尽的欢乐，从而鼓舞提升士气。

岩洞医院的地上还有革命时期的针头

岩洞医院不在开放的岩洞之列，得到游客中心专门申请，获准后才能参观。岩洞医院有着厚厚的大铁门，里面漆黑一片。借着导游的手电光，可以看到洞内的地面还扔着用过的针管、药瓶，有些凌乱。

当年，这里有120多名医护人员。1973年，老挝各方签署了恢复和平的协议，这所医院在地面上修建了病房，继续发挥作用。1975年，老挝革命胜利，成立了老挝人民民主共和国。直到1976年，这所战地岩洞医院才正式关门，结束了其历史使命。

原汁原味吸引背包客

与其他景点相比，这里的神秘感是最强的，因为这里进行的是一场不宣而战的战争。不论是轰炸者美国还是援助老挝的其他国家，当时都对自己的行动秘而不宣。因此，不少背包客来这里寻找原汁原味的“历史痕迹”。

老挝位于亚洲中南半岛的东部，是东南亚唯一的内陆国家。境内山峦起伏，森林密布。动物中以大象为多，故老挝有“万象之都”的美称。自然风光与独特的风情，迷醉了旅游者。它北邻中国，南接柬埔寨、东界越南，西北达缅甸，西南毗连泰国。境内80%为山地和高原，且多被森林覆盖，有“印度支那屋脊”之美誉。

地势北高南低，北部与中国云南的滇西高原接壤，东部老、越边境为长山山脉构成的高原，西部是湄公河谷地和湄公河及其支流沿岸的盆地和小块平原。老挝以自然经济为主，人民朴实，生活悠然自得，自给自足。由于多信佛教，民间和睦相处，很少盗抢。老挝人饮食简单清淡，多以香料调味，外人不易适应，但的确有风味。

由于有长期的殖民地历史，建筑形式和民间生活方式还保留着欧洲的一些习惯，如喝洋酒、西式餐点和用刀叉。即便是正宗的老挝菜餐厅，也是刀叉盘子用餐。首都及各旅游境区高档酒店和私人旅店很多，交通也很方便。街上的出租车别具特色，四面透风，很是凉爽。

如果你想背包到革命岩洞探索历史的痕迹，一定要了解清楚老挝的天气、风速和饮食习惯。

暹罗

现东南亚国家泰国的古称。其部分先民原居住在中国云南一带，为逃避蒙古入侵而南下迁居中南半岛。文化受到中国文化和印度文化的影响很大。是信仰佛教的宗教国家。1949年更名“泰国”，意为“自由之国”。

28 韦泽尔峡谷洞穴群（法国）——人类最早的艺术品

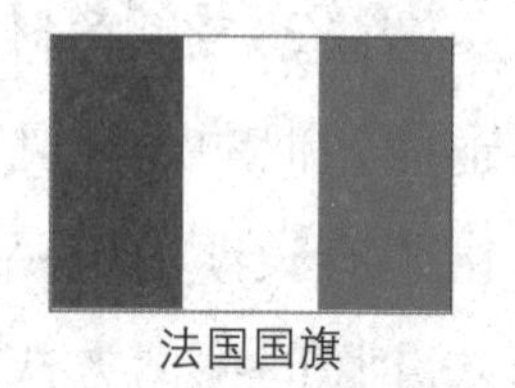
法国国旗

1．最精彩的旧石器时代岩画
2．史前人类文化重要遗址
3．4个法国少年偶然发现的文物
4．彩色绘画两万年后未褪色
5．改写了人类艺术发展史

最精彩的旧石器时代岩画

韦泽尔峡谷洞穴群位于法国西南部，有旧石器时代遗址147个，还有25个有壁画的岩洞，其中的拉斯科洞穴中的壁画大约有100个动物形象，距今约两万年，是人类最早的艺术品。对于研究人类史前艺术有着非常重要的意义。

韦泽尔岩洞群被公认为迄今发现的最重要的史前人类文化遗址之一，洞内的岩画是现存的最精彩的旧石器时代的艺术作品。1979年，联合国教科文组织将其作为人类文化遗产，列入《世界遗产名录》。

该文化遗址面积广阔，共包括16处文化遗址，这些遗址大多分布在韦泽尔河的两岸。另外，韦泽尔峡谷洞穴群还包括四处人工洞穴、三处供居住用的岩洞以及六处化石

韦泽尔峡谷洞穴外风景

遗址。洞穴中的壁画不管从美学、民族学还是人类学的角度来看，都有着极高的研究价值，这些壁画描绘细致，色彩丰富，栩栩如生。

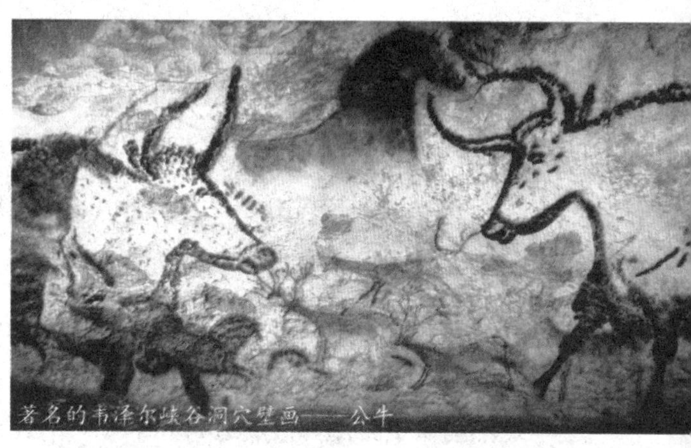
著名的韦泽尔峡谷洞穴壁画——公牛

史前人类文化重要遗址

洞穴的历史可以追溯到史前大约1万年前，这些历史悠久、有人类居住的洞穴群无疑是研究古代文化艺术、人造用具、古化石的最佳场所。同时韦泽尔峡谷洞穴群也是发现可鲁马努人（旧时代时期在欧洲的高加索人种）的地点。

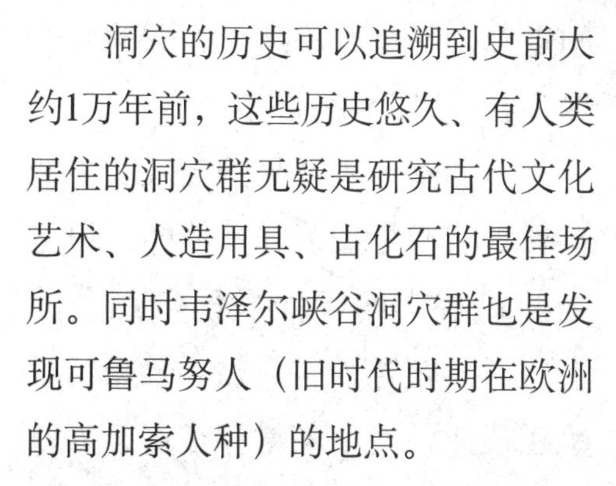

在韦泽尔峡谷100多座岩洞中，有古代石器、动物化石、岩面浮雕和图画,以及大量人类生活的遗迹遗物,如燧石的工具、篝火的余烬等。根据岩洞中的有机物测定，这些遗迹遗物的时代在距今1万~2.5万年之间，属旧石器时代最晚的马格德林文化时期，地质年代是晚更新世之末。

当现代人发现这些岩洞时，洞穴内有些地方随着岩石的侵蚀已逐渐形成地层，犹如一本层层叠叠的无字天书，任由今天的考古学家去阅读。

在韦泽尔峡谷100多座岩洞中，有25个岩洞的岩面上有浮雕、刻画图画或彩色绘画，其中最为精美的，当属于拉斯科、封德高姆、卡普布朗和孔巴海尔这4个地点的岩洞。

4个法国少年偶然发现的文物

拉斯科洞窟位于法国西南部佩里戈尔地区的蒙蒂尼亚克城，带有美丽壁画。在该城区周围有很多的史前遗址。因为这些遗迹均位于石灰岩悬崖上，所以早在很久以前，这些古代的供人类居住的石洞及带有绘画的洞窟便被遗弃了。

拉斯科洞窟位于法国多尔多涅省蒙提格纳附近，是韦泽尔河谷中的一座洞窟。拉斯科洞窟崖壁画是保存最好的、绘画最生动的。1940年由法国当地4个少年偶然发现。当时洞口只有80多厘米宽，半掩在枯枝败叶之中。令所有人震惊的是，这里竟然有600幅绘画和接近1 500件石刻作品，它们不但保存状况良好，而且有些壁画非常清晰。

虽然已发现了洞内的壁画，但想要发掘拉斯科洞窟绝非易事。数千年以来，从岩洞中逐渐脱落的岩石堆，已将洞口堵塞。形成于冰川时代的拉斯科洞窟，其洞穴内的石灰岩已成了方解石，使岩石的表面覆有一层难融性的黏土层，它们对洞穴内的岩画起到了保护的作用。但对发掘洞穴的人来说，把原来仅有80多厘米宽的洞口拓宽到几米，其难度可想而知。

熊的壁画

经过多年的发掘，现在人们已知拉斯科洞窟包括前洞、后洞、边洞三个部分。前洞像一个“大厅”，约30米长，10米宽，前洞还附有18米长向后延伸的走廊与后洞相连。它的西边旁侧另有一条狭长的走廊，与边洞联结，边洞的底部保存着一口7米深的井。

前洞壁画主要是几头大公牛的形象，它们是覆盖在其他的形象之上的，在它的下面叠压着红色的牛、熊、鹿等。这样相互叠压的现象在拉斯科洞窟大量存在着，仅就前洞和与它相连的通道的岩画中即可辨认出叠压达14层之多。但是要根据这种覆盖的层次来进行判断断代是有困难的。

拉斯科前洞壁画中有一幅长5米的野牛，堪称是史前艺术辉煌的杰作。这头野牛线条简练，整体塑造得强健有力，特别是那生动逼真的头部，虽然只用单色涂绘，却能完美地表现出体积感来。这么逼真的动感效果，令现代人叹为观止。难怪有的学者把它称为“跳跃的牛”。这头“跳跃的牛”是拉斯科洞窟最为精彩和最富力度的形象之一。

从洞口往里望去，窟顶就像一条长长的画廊。走过方形大洞，里面为圆形大洞，之后，洞窟隧道般的狭长，向两边分叉开去。崖壁画上的动物形象有的大，有的很小，密密麻麻，重重叠叠，数量之多，令人目不暇接。

在3个洞内大体能区分出50多个幅面，100多只动物。画面大多是粗线条的轮廓画剪影，在黑线轮廓内用红、黑、褐色渲染出动物身体的体积和重量。

画面令人流连忘返：一幅是一头受伤的牛低头将一个男猎人顶倒在地；另一幅是几只驯鹿列队顺序行进；在后洞口内左侧不远处画有6匹类似中国画样式的马，有两把长矛正刺向其中的一匹。

这些动物是当时人们狩猎时搏斗的敌手，也是人们赖以生存的食物来源。当时的绘画者对所画的动物十分熟悉，观察细致入微，下笔轮廓准确、神态逼真，再配上相应的颜色，便显出跃动的生命活力和群体奔腾的气势。

鹿的壁画

前洞、后洞与走廊上，都有岩画或绘或刻，或绘刻兼施。有些看来是单纯的线刻，也曾涂绘过，由于经历年代久远致使色彩褪了。留存于前洞墙面以及延伸出的走廊壁面上的岩画都保存得很好，不仅形象清晰，而且色泽艳丽浓重。

彩色绘画两万年后未褪色

在封德高姆的岩洞中，彩色绘画的年代较早，约在两万年前。画中有许多披毛犀牛，犀牛身体为赭石色能分出明暗，背部和腹部有十几条倾斜的弧形线条，不仅显示出身上的长毛，也显示出宽大的躯体。

所画的其他动物也用了透视法，形象生动，充满生活气息。那时的欧洲气候比较寒冷，野生动物较多，有成群的驯鹿、野牛和犀牛等多种兽类，居住在这里的尚塞拉德人就以猎取这些野兽为生。

改写了人类艺术发展史

韦泽尔峡谷岩洞的发现，对于史前的研究具有划时代的意义。韦泽尔峡谷洞群的发现在于，它不仅证明了石器时代洞穴岩画的真实性，而且也为考古学家对欧洲史前时代的划分、对研究史前人类生活提供了宝贵的依据。有关专家据此得以重新确定史前人类生产、生活和艺术的演变情况。

岩画，基本上属于人类在文字产生以前的原始时代的作品，也是人类早期主要的艺术形式。对考古学界来说，洞穴艺术虽然不是世界上最古老的艺术，但它在考古界却有着特殊的地位。

有人把史前岩画称为古代人类生活最首要、最直接的记录。考古学家认为，这些来自远古时代并保存完好的岩画，为人类描绘了古代人类在史前时代的“经历”，使人类在几万年之后，又通过岩画，看到了史前时代的先民眼里所看到的东西。

作为全人类的共同财富，韦泽尔河谷的岩洞雕刻和绘画是迄今所知人类最早的真正艺术品之一，也被公认为迄今为止发现的最重要的史前人类文化遗址之一。它显示了1万多年前人类高度的艺术创造力与审美意识。在此之前，学者们认为人类最早的艺术品是出现在美索不达米亚和埃及。而这些洞穴岩画的发现改写了人类艺术史。

燧石

俗称“火石”，是比较常见的硅质岩石，致密、坚硬，多为灰、黑色，敲碎后具有贝壳状断口，根据其存在状态，分为两种类型：层状燧石：多与含磷和含锰的黏土层共生，分层存在，单层厚度不大，但总厚度可达几百米，有块状和鲕状的区别。

雪玉洞（中国）——“神曲之乡”的奇葩

中华人民共和国国旗

1. 三峡旅游线上一朵新兴奇葩
2. 具备三个“世界罕见”的雪玉洞
3. 囊括多项世界之最
4. 中国第一个溶洞观测站
5. 吃住在雪玉洞

三峡库区旅游线上一朵新兴奇葩

雪玉洞丰都龙河峡谷溶洞群旅游景区位于东方“神曲之乡”——重庆市丰都境内，距新县城仅十几千米，与丰都名山、龙河漂流、南天湖形成一线游。景区的交通便捷，可乘船到三都再乘车直达景区，又可从重庆驱车直达景区。

景区现由丰都龙河旅游开发有限公司独资开发，总投资1.4亿元，将分三期开发完成，现已完成投资3 000多万元。景区内珍稀动植物(猕猴、野猪、红腹锦鸡等)与成群溶洞、蜿蜒河流、飞泻瀑布、凌空峭壁、暗藏悬棺、成阵乱石等休戚相生，远古的土家风俗犹存，形成了独特的龙河文化，是三峡库区长江旅游黄金线上一朵新兴的奇葩。

丰都，自古以来就是文化名城，是中国很有特色和名气的历史文化小镇，以前是个小镇，现在是一个小县城以其作为阴曹地府所在地的鬼文化而蜚声古今中外。这里流传着许多鬼神传说，《西游记》、《聊斋志异》、《说岳全传》、《钟馗传》等许多中外文学名著对“鬼

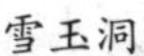
雪玉洞

雪玉洞内晶莹剔透美轮美奂

城”丰都均有生动描述，颇富传奇色彩。

鬼城丰都以其悠久的历史，独特的文化内涵，神奇的传说，秀美的风光和难以替代的观赏价值，不可多得的鬼文化研究载体和独特源泉，向中外游客展现出神秘的东方神韶。

丰都“鬼城”是人们凭想象建造的“阴曹地府”，人们凭想象，用类似人间的法律机制先后建成“阎王殿”、“鬼门关”、“阴阳界”、“十八层地狱”等一系列阴间机构。各关卡的鬼神形象又是千姿百态，峥嵘古怪。刑具令人恐怖万分，不寒而栗。

由于但丁的《神曲》中讲述的也是魔鬼和神仙的故事，因而丰都被称为中国的“神曲之乡”。

具备三个“世界罕见”的雪玉洞

雪玉洞是龙河旅游景区溶洞群的精品，也是目前国内已开发的洞穴中最年轻的溶洞，观赏价值和科考价值极高。洞内80%的钟乳石都

“洁白如雪，质纯似玉”，故被中国洞穴会会长朱学稳教授命名为“雪玉洞”。

雪玉洞全长1 644米，现已开发游览线路1 166米，上下共三层，分为六大游览区：群英荟萃、天上人间、步步登高、北国风光、琼楼玉宇、前程似锦。

雪玉洞是世界罕见的洁白如雪的溶洞“冰雪世界”。由于雪玉洞是质地极纯的碳酸盐岩，洞穴沉积环境封闭很好，洞顶厚度很大，因而溶解后的碳酸岩溶液杂质极少，因而生成的洞内景观80%都“洁白如雪、质纯似玉”。

雪玉洞还是世界罕见的正在快速成长的洞穴“妙龄少女”。据专家考证，距今5.5万～8万年间，雪玉洞才开始发育于龙河边上；距今1万年以内，洞内环境才改变为有利于次生化学物的生成和发育，其他洞穴，钟乳石景观一般是几万年到几十万年前生成的，质地老化，色泽暗淡。

而在雪玉洞，除极少数有四五万年历史外，那些浩如烟海、色泽如玉、千姿百态、美不胜收的沉积物景观，都是在3 300～10 000年之间生成的。这些洞穴景观酷似一群花季少女，正处在快速成长时期。洞穴沉积物景观的生长速度，一般是每100年升一毫米左右，而雪玉洞

洞内钟乳石洁白如雪

既达到100年33毫米。

洞内沉积物生成的景观，种类齐全、规模宏大、分布密集、形态精美、令人难以置信。这里有大量鬼斧神工的鹅管、妩媚动人的钟乳石、昂首待哺的石笋、精美绝伦的石柱、薄透如纸的石旗、迎风招展的石带、气势恢弘的石幕、凌空高悬的石幔、从天而泻的石瀑布、繁星灿烂的流石坝、不可思议的石毛发、千姿百态的卷曲石、还有洞壁溶蚀后形成的众多妙趣横生的鸟兽鱼虫，还有那勘称世界第一的石盾和塔珊瑚花群等等，真的是“白玉雕琢玲珑界，冰雪起舞桃花源！”

奇异的石笋

雪玉洞除了三个“世界罕见”以外，水和气也是一绝。洞中的水，特别清澈、特别纯净、特别甜美、特别富有诗情画意。据测定，洞内空气中二氧化碳含量很高，常年温度16～17℃，具有医学疗养价值。据专家介绍，洞内空气中的负离子对某些疾病如：重感冒、鼻窦炎、哮喘病有一定的疗效。

囊括多项世界之最

雪玉洞还有四处世界级奇观。一是规模最大、数量最多的塔珊瑚花群（俗称兵马俑），二是晶莹剔透、最薄最长的石旗王，三是直径达4米、冰清雪洁的地盾，四是傲雪斗霜、长达2.5米的鹅管王，其他绝景多达数十处，可观赏景观多达100余处。

“雪玉企鹅”这一酷似企鹅的大地盾，由碳酸盐岩构成。它高达4米多，是目前世界所有洞穴中的石盾之王，举世罕见。地盾是与地面

形态迥异的钟乳石

垂直生长的，故难以形成下垂的盾坠，这是与壁盾的重要区别。“沙场秋点兵”是世界上规模最大，数量最多的塔珊瑚花群。其名来源于南宋大词人辛弃疾写给陈同甫的一首“壮词”。“鹅管林”重重叠叠，倒挂空中。它的科学名称叫“鹅管”，是由重力水从洞顶往下滴而形成的，因其色白，呈鹅毛管状而得此名。此处的鹅管密度居世界之最。

“石旗之王”是面巨大的石旗，它是洞内连续性水流的作用在洞壁和洞顶上形成的薄而透明的碳酸钙沉积物，它垂吊高度约为8米为世界之最，形成的时间约5万年。它薄如蝉翼，晶莹剔透，巧夺天工，让世人注目仰拜。雪玉洞创造和打破了多项中国世界纪录协会世界之最、中国之最。

中国第一个溶洞观测站

2003年8月18日雪玉洞正式成为我国第一个洞穴科普基地和第一个溶洞观测站。同时它作为当年“三峡国际旅游节”上推出的首个新景点，向世人揭开神秘的面纱，将一个美轮美奂的地下北国呈现眼前。

据专家介绍：我国目前已开发的洞穴有1 000多个，选择雪玉洞作为观测站即科普基地，是看中了雪玉洞的得天独厚的自然环境。雪玉洞是目前国内外最年轻的钟乳石生长型溶洞，据考证仅在2万年以内。

宛若冰堆雪砌一般美不胜收

洞穴科普基地成立后，科学家们将在洞内安装系列高科技探测监视仪，对洞内人为破坏及游人吐出的二氧化碳以及洞内钟乳石的含水量进行全面监控报警。

丰都雪玉洞目前正向吉尼斯世界纪录“冲刺”。据称，该溶洞千姿百态的喀斯特地貌中有4个景观堪称世界之最，其中塔珊瑚和地盾两项目前已正式申报吉尼斯世界纪录。

信步雪玉洞，观“亿万年前的飘雪万亿年后的美玉”，闻听天籁悠远之声，观者将体味到“雪玉洞”震撼之美，感悟地腹之幽静，尽享“北国风光、冰雪世界”之乐趣，真谓之白“玉砌成玲珑界，冰雕雪塑舞翩跹”，雪玉洞将以它独特的魅力吸引游客。

吃住在雪玉洞

景点有自己大型的餐厅，里面的食物品种非常多而且美味，附近的农家乐，里面做的当地家常菜非常有特色，价格便宜，用土碗蒸的烧白（上面是肥肉，下面是咸菜）和粉蒸肉可谓色香味俱全。

雪玉洞现在已经是丰都重点建设的旅游景点，所以有很完善的旅游接待处，有环境各方面都很好的宾馆供游客下榻。

负离子

原子失去或获得电子后所形成的带电粒子叫离子，例如钠离子Na+。带电的原子团亦称“离子”，如硫酸根离子。某些分子在特殊情况下，亦可形成离子。而负离子就是带一个或多个负电荷的离子称为“负离子”，亦称“阴离子”。例如，氧的离子状态一般就为阴离子，也叫负氧离子。

丰鱼岩（中国）——“亚洲第一洞”

中华人民共和国国旗

1. 一洞贯通九座大山
2. 国内外罕见的奇特大溶洞
3. 因地下河盛产油丰鱼而得名
4. “天堂奇观”和“定海神针”
5. 洗上三天温泉水粉刺全消

丰鱼岩洞外风光

一洞贯通九座大山

俗话说“桂林山水甲天下”，桂林是世界著名的风景旅游城市和历史文化名城，地处南岭山系的西南部，平均海拔150米，典型岩溶地貌。岩溶峰林地貌是桂林重要旅游资源。

丰鱼岩位于桂林荔浦丰鱼岩位于荔浦县三河乡东里村，距桂林市区110千米，距柳州市区110千米，距荔浦县城16千米。这个溶洞贯通九座大山，全长5.3千米。

洞中小厅连大厅，最大厅25 500多平方米，县城有2.3千米地下河可乘舟揽胜，是国内外罕见的奇特大溶洞。高阔的洞天，幽深的暗河，密集的石笋，汇成气势雄伟的洞穴奇观，享有“一洞穿九山，暗河漂十里，妙景绝天下”之美称，被誉为“亚洲第一洞”。

丰鱼岩是省级田园旅游度假区的主体部分，是首批国家AAA级景区。

丰鱼岩洞内石屏

国内外罕见的奇特大溶洞

丰鱼岩与风景秀丽的十里画廊构成一个整体。丰鱼岩是景区的主体部分，它以暗河盛产油丰鱼而得名，素有“一洞穿九山，妙景绝天下”之美称。

丰鱼岩分旱洞和暗河两部分，旱洞长2.2千米，洞中千姿百态的石笋、石柱、石幔林立，形成许多瑰丽奇绝、妙趣横生的景致。其中一根长达9.8米，径宽14厘米的“定海神针”可谓是镇洞之宝；一个面积2万多平方米的洞厅在彩灯下显得辉煌壮丽，令人如同置身于海底龙宫。此外，“冰河时期”、“八方锦绣”、“天堂奇观”、“蓬莱仙境”等景点更是让人目不暇接。洞内暗河神秘之旅分A、B两段。A段1.3千米，有三峡两洞九重天。B段长1千米，这里有薄如蝉翼的石头，飞珠溅玉的清泉，美若彩虹的银滩。

丰鱼岩是国内外罕见的奇特大溶洞，最令游客感兴趣的是，溶洞中还有一条长达3.3千米的地下河可放舟游览。

高阔的洞天，幽深的暗河，密集的石笋，汇成气势雄伟的洞穴奇观。景区规划范围8平方千米，其中，丰鱼岩景区面积3.3平方千米，水域面积0.25平方千米，建筑面积3万平方米，道路面积0.01平方千米，绿化面积2.94平方千米，绿化覆盖率达90%。

因盛产油丰鱼而得名

丰鱼岩因岩内地下河盛产油丰鱼而得名，高阔的洞天，幽深的暗河，密集的石笋，汇成气势雄伟的洞穴奇观。

丰鱼岩是广西省级田园旅游度假区的主体部分，丰鱼岩全程7.1千米，有着世界上其它旅游洞穴所无法比拟的四大特点：一是陆、水、空相结合的游览线路。二是暗河漂流两岸景观琳琅满目，是世界上最具有特色且可供乘船游览的最长的地下暗河。三是丰鱼岩大厅连小厅数十个，是世界上最宽大独具特色的洞厅。四是在洞厅中有一根高达9.8米，而直径只有14厘米的石笋，上下大小基本一致，堪称世上一绝。

自然奇观

“天堂奇观”和“定海神针”

丰鱼岩按规划已开发出四大景区：一是洞内陆地观赏区，全长2.2千米，洞中石幔、石柱、石笋林立，黄洞风光、天堂奇观、宝塔王国、琼林宝殿、蓬莱仙境、楼兰古国等许多景点辉煌壮丽，灿烂缤纷，令人目不暇接。

其中“天堂奇观”的“定海神针”之景尤为罕见，它直径只有14厘米，却高达9.8米，针尖直指苍穹，它是怎样形成的，不得不让人惊叹大自然的神功造化。

二是洞内暗河漂游观赏区，全长1.3千米，游人乘舟揽胜，两岩乳石千姿百态，如禽似兽，栩栩如生，暗河神秘之旅，给人以新奇、神秘、刺激的感受。暗河漂流两岸

定海神针

景观琳琅满目，游览神奇、刺激，是世界上最具有特色并可供乘船游览的最长的地下暗河。

地下暗河河面宽2～12米，水深大于0.6米，水流平缓，航行安全。暗河中还有一个面积3 000平方米的地下湖，在昏暗的灯光下，两岸朦胧的石景迎面而来，在如梦似幻的氛围中又增加了形形色色的恐龙世界，随着恐龙的吼叫和蜷曲的游动，使广大游客的游兴得到了更大的满足。

国际洞穴协会主席福特先生（加拿大）在1996年2月实地考察丰鱼岩后称赞丰鱼岩，为能在盲鱼欢游的天然溶洞里乘船漂流，妙不可言，从未在一个溶洞里有这么长的水路航程。这是美丽溶岩景观中的一个极好之洞。

1997年4月，来自俄罗斯、日本、美国、越南等国家及中国17个省、市、自治区的80多名岩溶、地质专家、学者对丰鱼岩进行实地考察后，认为丰鱼岩地下暗河游程3.3千米是世界上最具有特色的、并可供乘船游览的最长的地下暗河。

三是文化娱乐景区：是以洞内大厅为依托，与洞内自然景观相结合的文化娱乐景区，洞内歌舞厅堪称一绝。洞内大厅和洞中自然景观相结合的文化娱乐区，人们可以在岩洞歌舞厅里唱歌品茗，情趣盎然，其乐无穷。

在洞外，还有民族风情、人工湖水上乐园游览区，游人在此能观看到民族风情表演，甚至还可以参与其中，与瑶族同胞共享乐趣。这是一个集吃、住、玩、乐为一体的旅游胜地。

四是民族风情、人工湖水上乐园游览景区，极具民族特色。度假山庄依山而建，民族风情表演吸引了不少游客参与，乐在其中，回味无穷。

洗上三天温泉水粉刺全消

八卦山庄是丰鱼岩省级田园旅游度假区的一个重要组成部分，该山庄由荔江河绕鹞鹰山，象山半弧迂回，自然形成天然的八卦图形，阴阳分明，气势雄伟壮观，图形面积2平方千米，亦被称为“天下第一卦”。

国际著名预测大师邵伟华先生到此传教，因山庄地处风水宝地，人杰地灵，自今有各地预测大师云集在此，验卦如神，周易文化不断发扬光大。

山庄还利用鹞鹰山特有的天然溶洞结合自然景观营造了一个面积达6 000多平方米的洞中夜总会。天然的洞中大舞台，绚丽多姿的石景，丰富多彩的娱乐活动，仿佛置身于仙境之中，被专家誉为“既是地下仙宫，更是人间天堂”。

山庄还拥有歌舞表演、有奖射击、钓鱼、药浴按摩、浴脚堂、烧烤、风味小吃、宾馆和别墅群，是会议、预测、休闲度假的理想选择之地。

丰鱼岩是世界级旅游洞穴。此外，“冰河时期”、“八方锦绣”、“天堂奇观”、“蓬莱仙境”等景点更是令人目不暇接。丰鱼岩洞内50℃的温泉水来自洞内几百米深处的热岩，经专家考证，此温泉水中含有锂、锶、锌、钙等二十几种对人体健康有益的元素。当地人流传，只要洗上三天温泉水，脸上的粉刺就减少，洗上七天，面部的粉刺全扫光，皮肤更加细嫩光泽。在这里，能充分领略大自然的神奇。

油丰鱼

即盲鱼，在景区黑暗的地下洞穴中，发现过几条罕见的盲鱼。这些盲鱼最大的体长不到10厘米，它们的外表长的十分奇特：细长的身体粉红而透明，可以清楚地看到它体内的脊椎和内脏，形如一条条玻璃鱼。它们能忍受饥饿，不怕冷，也不怕热。在水温−10～35℃时都不致丧命，生命力极强。

图书在版编目（CIP）数据

图说世界著名岩洞 / 阚男男编．-- 长春：吉林出版集团有限责任公司，2012.12

（中华青少年科学文化博览丛书 / 沈丽颖主编．文化卷）

ISBN 978-7-5463-9535-7-02

Ⅰ．①图… Ⅱ．① … Ⅲ．①岩洞－世界－青年读物②岩洞－世界－少年读物 Ⅳ．① P931.5-49

中国版本图书馆 CIP 数据核字（2012）第 279827 号

图说世界著名岩洞

作　　者／阚男男
责任编辑／张西琳
开　　本／710mm×1000mm　1/16
印　　张／10
字　　数／150千字
版　　次／2012年12月第1版
印　　次／2021年5月第3次

出　　版／吉林出版集团股份有限公司（长春市福祉大路5788号龙腾国际A座）
发　　行／吉林音像出版社有限责任公司
地　　址／长春市福祉大路5788号龙腾国际A座13楼　　邮编：130117
印　　刷／三河市华晨印务有限公司

ISBN 978-7-5463-9535-7-02　　定价／39.80元